(Mg. planches 8 et 9.)

2083

HISTOIRE NATURELLE

DES

AMMONITES ET DES TÉRÉBRATULES

SUIVIE DE LA DESCRIPTION DES ESPÈCES DE CES DEUX GENRES
RECUEILLIES DANS LES DÉPARTEMENTS DES BASSES-ALPES, DE VAUCLUSE ET DE LA LOZÈRE

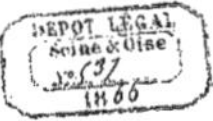

PAR

F. V. RASPAIL

Avec 11 planches dessinées, lithographiées et gravées par son fils Benjamin RASPAIL.

(Il n'a été tiré que 200 exemplaires de cet ouvrage.)

Tous droits de reproduction et de traduction réservés.

<table>
<tr><td>

PARIS

CHEZ L'ÉDITEUR DES OUVRAGES
DE M. RASPAIL
14, RUE DU TEMPLE, 14,
près l'Hôtel-de-Ville.

</td><td>

BRUXELLES

A L'OFFICE DE PUBLICITÉ

LIBRAIRIE NOUVELLE.
39, RUE MONTAGNE DE LA COUR, 39.

</td></tr>
</table>

1866

EXPLICATION DES PLANCHES

EXPLICATION DES PLANCHES.

FIN DE L'EXPLICATION DES PLANCHES.

AVERTISSEMENT

12 août 1865.

L'histoire de ce travail est un épisode de l'histoire générale des luttes de toute ma vie. L'origine en remonte à 1829, époque à laquelle Polignac disait hautement : « Chaque fois qu'un jeune homme de cette trempe tâche de relever la tête, il faut la lui abaisser, faute de pouvoir l'écraser; » et les abaisseurs d'alors c'étaient les Humboldt, les Cuvier, les Arago et ce Mirbel, le plus pauvre hère de la bande, copiste en physiologie, mais secrétaire général de la police et tenant à Louis XVIII par des liens conjugaux qui sont des faveurs à la Sublime Porte. Mais laissons tous ces renoms de côté; ils sont tous dans la tombe, esclaves aussi bien que tyrans, ceux qui avaient mission de me mettre sous le boisseau, qui était alors le fameux éteignoir de la sacristie, et dont j'ai tant de fois brisé, de leur vivant, le boisseau sur la face; il ne me reste plus d'eux devant les yeux que les vieux mignons de leur puissance, et des tenants de leur renommée qui ne valent pas la peine d'être pris au sérieux : *fruges con-sumere nati*. La conspiration du silence n'est plus que le silence des conspirateurs ; entre eux et moi deux générations se sont succédé sur le théâtre de la lutte; le bon vieux temps a disparu et l'avenir a fait son entrée en ce monde; Geoffroy Saint-Hilaire le père nous prédisait alors que nous devancions tous ces hommes de cinquante ans; il ne s'est peut-être trompé que d'une dizaine d'années en plus.

En 1829, un brave et digne collectionneur, isolé dans le fond des Basses-Alpes, M. Émeric (de Castellane), nous adressa une magnifique collection de fossiles que de longue date il avait ramassés dans ses montagnes. Dès la première inspection, il me fut facile de m'assurer que la collection du Muséum ne possédait presque rien de semblable, et que nos Alpes avaient été visitées un peu à la légère par les géologues officiels. L'occasion pour mettre au jour de telles richesses ne pouvait être plus favorable. Juste à ce moment, Saigey et moi (*Arcades ambo* alors), nous venions de renoncer à la part de rédaction qui nous était dévolue dans le *Bulletin universel des sciences*, à partir du jour où la direction de ce recueil venait de se ranger sous la surveillance de la subvention et *sous les auspices de monseigneur le duc d'Angoulême* ; et, à la garde de Dieu et sous les auspices de notre pauvreté laborieuse et indépendante, nous avions fondé les *Annales des sciences d'observation*, qui deux ans de suite ont fait passer de si mauvaises nuits à nos riches et puissants savants d'alors.

Je commençai le dépouillement de mes fossiles par les Bélemnites; le *Muséum d'histoire naturelle* possédait de ce genre deux ou trois échantillons spécifiques; nous en figurions et décrivions 122 formes principales auxquelles nous aurions pu rattacher une foule de formes secondaires, et dont, selon la méthode de ce temps, nous aurions pu faire autant d'espèces, s'il ne nous avait été démontré, par une étude longue et minutieuse de cette riche collection, que les *Bélemnites*.

au lieu d'être des coquilles, n'étaient que des appendices cutanés (et de formes variables à l'infini) d'un animal antédiluvien qu'il ne s'agissait plus que de déterminer.

Nos savants officiels, à la vue de ces richesses inconnues d'eux, en eurent un tel éblouissement, qu'ils se refusèrent d'y croire, et nous dépêchèrent Cordier pour venir s'en assurer par ses propres yeux. Cordier leur annonça que rien n'était plus vrai que ce qui faisait leur torture morale, et que si j'avais voulu considérer les individualités comme des espèces, j'aurais pu en porter le nombre à des milliers. Sur ce point il n'y avait pas de critique possible, et il n'était pas possible de mettre tout cela sous l'éteignoir : nous disposions d'une publicité sans le moindre contrôle ; nos grands bons hommes n'avaient donc plus d'autre ressource que de songer à l'expropriation forcée pour cause d'utilité pieuse et académique.

Mais laissons aller ces pauvres gens avec leurs petites et pieuses ruses, et occupons-nous de gens qui, à cette époque, valaient mille fois mieux qu'eux, puisqu'ils n'étaient pas bigots, je veux parler des géologues russes, prussiens et anglais, qui, dès la première apparition de la livraison des *Annales des sciences d'observation*, se rabattirent de tous les coins de l'Europe sur les *Basses-Alpes*, pour y ramasser des *Bélemnites* sous la conduite du bon M. Émeric. Ce que voyant le paysan de ces montagnes, il se mit à son tour à recueillir tout ce qu'il rencontrait de ces pierres d'après lui tombées du ciel, de ces pierres de la foudre, afin de les vendre au poids de l'or aux étrangers ; d'où il arriva que les espèces les plus communes devinrent tout à coup infiniment rares, et que le paysan gagna à ce commerce autant d'argent que M. Émeric de considération. L'Institut, le pieux Institut, s'en serait pendu de désespoir, s'il avait eu une goutte du sang des Crillon dans les veines.

Au lieu de s'en pendre, il intrigua ; Cuvier et Humboldt (1) s'attelèrent toute la journée à leurs carrosses, pour obtenir de qui de droit la ruine de la publication des *Annales des sciences d'observation* et celle des deux jeunes rédacteurs qui bravaient si fièrement, du fond de leurs tonneaux de Diogène, la toute-puissance de ces deux riches sinécuristes du jour.

Après les *Bélemnites*, j'avais à publier les *Ammonites* ; mais les augures devenaient de plus en plus menaçants pour nous ; il fallait aller vite, analyser et faire dessiner ; car le temps consacré à une telle rédaction ne me permettait plus de dessiner moi-même. Je pris le parti de publier d'abord les planches d'Ammonites, avant même le texte de leurs descriptions, dans les *Annales des sciences d'observation* : c'était une prise de possession et de date, dans le cas où le sort aurait favorisé les menées de ces deux vieux barbons et de leurs mignons académiques, dans la guerre sainte mais sourde qu'ils organisaient contre nous ; et bien m'en prit.

A peine la cinquième planche avait-elle trouvé place dans les *Annales*, que la trahison du premier éditeur et la faillite du second finirent par interrompre la publication de ce recueil contre lequel l'Académie avait, dès le début, braqué toute son artillerie cléricale.

Notre premier éditeur, fils de révolutionnaire et libéral de profession, avait d'abord semblé offrir à deux révolutionnaires de science, toute garantie contre les menées de la congrégation. Mais si les hommes de parti étaient communs, les vraies convictions étaient rares dans ce gouffre de consciences qui précéda la révolution de juillet : *rari nantes in gurgite vasto.*

Notre libraire s'était engagé dans des spéculations hasardeuses ; ses intérêts commerciaux périclitaient. De plus, il avait encouru six mois de prison en sa qualité d'éditeur des *Chansons* de Béranger. De ce délit, un autre eût été fier ; lui, il en était triste ; une faillite ne vient jamais à point quand on est en prison. Il gagna ses six mois de prison et d'excellentes conditions de faillite, en ruinant notre entreprise et par contre-coup le fruit de nos veilles et de nos économies. Il refusa les abonnements qui continuaient à lui arriver d'une manière prospère ; et de plus ensuite, il refusa d'envoyer à l'imprimerie notre copie de chaque mois ; force fut de plaider. Notre cause était dix fois juste ; nous gagnâmes notre procès au fond ; mais quand il fallut reprendre le fonds, il se trouva que la justice ne nous en avait donné que les écailles. C'était un fonds où nous ne trouvâmes que des défets ; et l'excellente justice ne nous accorda pas d'autre indemnité pour nous tenir compte de nos pertes ; c'est à peu près ainsi que nous avons depuis gagné tous nos procès devant la justice de notre patrie ;

---

(1) La classe montonnière nous reprochera sans doute le mépris que nous n'avons cessé de professer envers ces deux servilités de l'époque des humiliations de la France. Nous lui pardonnons sa montonnerie, qu'elle nous permette de ne rien rabattre de notre profond mépris et de notre dégoût d'alors.

cela a toujours été pour nous un jeu *à qui gagne perd*. A la grâce de Dieu ! nous eûmes recours à une autre maison de librairie. Mais il se trouva que nous quittions un libéral défroqué pour un libraire sur le point de s'enfroquer après avoir fait faillite. La Révolution de juillet vint couvrir de son manteau cette nouvelle faillite ; et nos *Annales* cessèrent définitivement de paraître à la 320ᵉ page du quatrième volume et alors qu'il me restait encore trois planches d'Ammonites à publier.

La joie qu'en eurent nos vainqueurs ne fut pas de longue durée ; car la fusillade venait de changer les destinées de la France, et toutes ces savantes obséquiosités s'étaient vues forcées de se cacher à dix pieds sous terre, dans les caveaux de Saint-Sulpice, tout prêts à venir se parjurer aux pieds du pouvoir nouveau : après un premier parjure, un second ne pèse plus rien sur le cœur ; aussi le lendemain de la victoire du peuple, tous les parjures, y compris le nouveau roi, avaient repris leur place au soleil, ainsi que nos savants leurs riches sinécures et leurs occultes fonctions. Quant à nous, nous reprîmes notre collier de labeur, de pauvreté et d'indépendance ; l'histoire de ce temps-là vous dira le reste qui n'a pas trait à notre sujet présent.

Pour compléter le quatrième volume des *Annales des sciences d'observation*, il nous restait en portefeuille un certain nombre de mémoires, parmi lesquels un travail critique intitulé (un peu cavalièrement, il est vrai) : *Coups de fouet scientifiques*, et puis le texte des *Ammonites* y compris les trois dernières planches.

Les révolutions n'enrichissent jamais les révolutionnaires ; elles les dépouillent au contraire et les appau-

vrissent. Le fait est que jamais vainqueurs ne furent plus pauvres que nous à cette époque.

A l'aide de quelques bribes d'économie, je publiai en 1831 les *Coups de fouet scientifiques*, que la presse et les biographies d'alors ont fait claquer aux oreilles des académiciens, plus que tous nos autres ouvrages de longue haleine ; l'occasion !

Dans le même moment, un élève de l'École normale qui avait eu l'honneur d'être compris, avec Saigey, dans la fournée d'expulsion qu'avait motivée aux yeux de Polignac l'indépendance des élèves d'alors, Hachette, se voyant exclu désormais du professorat, se créa une chaire en formant un établissement de librairie ; dès les premiers mois de la Révolution de juillet, il fondait, en collaboration avec son camarade Saigey, un organe indépendant de publicité, sous le titre de *Lycée*. C'était là une excellente occasion pour mettre au jour le texte des *Ammonites* et distribuer les trois planches complémentaires aux ex-abonnés des *Annales des sciences d'observation*. Mais mon travail en était à peine à la moitié de son contenu, que pour des raisons à moi inconnues, et en dépit du succès de la publication, le *Lycée* cessa de paraître , et la publication du texte restant des *Ammonites* fut renvoyée à de meilleurs jours. Ce qui en avait paru contenait la partie anatomique développée d'après des vues toutes nouvelles et jusque-là inaperçues. La congrégation de l'*Index* confia au Berlinois De Buch, un des favoris de Humboldt, le soin de faire entrer, sous un autre nom, toutes ces nouveautés dans le giron de l'enseignement académique et universitaire. En voulant trop mettre ces matériaux à la portée de son intelli-

gence, De Buch les a un peu défigurés ; une de nos publications ultérieures, sans s'occuper autrement de l'arrangeur prussien, leur restitua leur première physionomie.

Car en 1842 un certain retour de la fortune nous permit de reprendre en sous-œuvre et de compléter notre travail, comme Second Supplément au quatrième volume des *Annales des sciences d'observation*. Dans l'entre-temps, notre collection s'était encore enrichie d'un assez grand nombre de curieux échantillons, par les envois successifs que nous avaient faits M. Prost, directeur des postes à Mende (Lozère), et Eugène Raspail, du pied du mont Ventoux (Vaucluse). L'occasion ne pouvait pas en être plus favorable ; l'aîné de mes fils était déjà devenu, dès cette époque et à l'âge de dix-huit à dix-neuf ans, un habile dessinateur et graveur d'histoire naturelle, ce qui me permit d'ajouter deux nouvelles planches gravées aux cent exemplaires des deux planches lithographiées qui avaient été sauvées du naufrage : c'est ce qui fit que ce travail ne fut tiré qu'à 100 exemplaires.

Depuis longtemps on ne retrouve plus un seul exemplaire de cette édition dans le commerce de la librairie ; et, quoique les acquéreurs de ces sortes d'ouvrages soient rares chez nous, l'ouvrage nous est souvent redemandé.

Aujourd'hui nous sommes déjà loin de ce temps où M. Loyola, sous le masque du libéralisme ou de la citoyenneté royale, nous fermait, à coups de procès, toutes les avenues de la publicité, qu'il ouvrait à deux battants à un tas d'imbéciles (et le mot n'est pas assez fort, croyez-m'en sur parole). Nous avons su conquérir pacifiquement et honorablement une publicité où il n'a rien à voir que par la vitrine, le cher homme.

J'aurais donc un reproche à m'adresser envers la science, si je n'avais pas profité de cette occasion pour transformer ce complément des *Annales des sciences d'observation* en un traité spécial sur la matière. En conséquence, le texte destiné à cette nouvelle édition a été revisé, refondu et enrichi de points de vue et de documents que nous ne possédions pas il y a vingt et un ans. Mon fils a de nouveau lithographié toutes les planches des *Annales des sciences d'observation* dont il ne nous restait plus d'exemplaires, à l'époque de la publication de l'édition primitive; il a remanié la planche IX, pour y faire entrer l'eau-forte de la curieuse médaille du Moïse cornu, dont nous avons retrouvé un exemplaire de la manière la plus inattendue. Ce qui fait de cette nouvelle édition un ouvrage presque entièrement neuf.

Enfin, à la suite des *Ammonites*, nous publions pour la première fois l'histoire naturelle des *Térébratules* des mêmes localités (Basses-Alpes, Vaucluse et Lozère), fossiles dont mon fils a lithographié les espèces en partie sur nos dessins qui datent de 1829 et en partie sur les siens.

C'est là, en raccourci, l'histoire (j'allais dire naturelle) des vicissitudes de ce livre; je ne saurais prévoir si l'enseignement d'aujourd'hui lui sera moins hostile qu'à celui qui l'a précédé dans la carrière. L'enseignement a souvent ses intimidations; il est des idées qui nuisent au succès des examens; il est des noms qui sont encore plus nuisibles à ceux qui les prononcent avec bienveillance, que ne le seraient les plus mauvaises idées de ce monde. Cependant comme j'estime que, le progrès aidant, les hommes studieux et libres d'esprit ont doublé en nombre depuis 1830, au lieu de 100, votre travail sera tiré à 200 exemplaires : Képler de-

mandait 199 moins de lecteurs et se croyait amplement dédommagé de ses veilles, si, trente ans après lui, il devait se trouver un homme pour le lire et le comprendre. Une grande idée confiée à un seul lecteur capable de la comprendre, c'est une graine tombée dans un terrain favorable; elle y germe à l'abri de tout obstacle, et s'y développe pour disséminer, à la maturité de la plante, des milliers d'elle-même dans le monde intelligent; la propagation après le succès, n'est plus qu'une affaire de temps; et le temps le plus long à nos yeux n'est qu'un point, dès qu'il passe. Mais en fait d'idées, comme en fait de fleurs, le plus heureux, ce n'est pas tout à fait celui qui les recueille, mais bien celui qui a concouru à les faire épanouir. Toute ma vie, mon bonheur n'a été que de ce genre-là; et en dépit de toutes les tribulations que le génie tricornu du mal m'a suscitées, je doute qu'il se soit trouvé, parmi mes contemporains, un homme plus heureux que moi.

HISTOIRE NATURELLE
DES AMMONITES

DES BASSES-ALPES, DE VAUCLUSE ET DES CÉVENNES.

PREMIÈRE PARTIE.

CONSIDÉRATIONS GÉNÉRALES.

§ 1. — Étymologie et conjectures archéologiques.

Les Ammonites sont des dépouilles fossiles dont la connaissance remonte à la plus haute antiquité; on les désignait sous le nóm de *Cornes d'Ammon*, locution elliptique pour dire : *pierres sacrées ayant la forme de cornes de bélier et que l'on vénère à Ammon.* « La Corne d'Ammon, dit Pline (1), est une des pierres précieuses les plus sacrées de l'Éthiopie ; elle a la couleur de l'or, la forme d'une corne de bélier ; et on la vante comme éminemment propre à procurer des rêves qui présagent l'avenir; » phrase empruntée au livre perdu de Théophraste *Sur les minéraux* et aux anciens géographes. Cette tradition légendaire remonte donc à la plus haute antiquité, puisque c'est une tradition éthiopienne. Solin, géographe contemporain de Pline, rapporte le même fait, mais avec une modification qui lui prête un intérêt et une signification de plus : « Autour du temple d'Ammon, dit-il, on recueille une pierre qu'on appelle *Corne d'Ammon;* car elle offre des circonvolutions qui reproduisent l'image d'une corne de bélier.

(1) *Ammonis Cornu inter sacratissimas Æthiopiæ gemmas, aureo colore, arietini cornu effigiem reddens, promittitur prædivina somnia repræsentare* (Plin., lib. XXXVII, cap. x). Bartholin blâme Pline d'avoir mis les Cornes d'Ammon au rang des *gemmæ*, mot que nous traduisons habituellement par celui de *pierres fines* : « Il faut, dit-il, pour que Pline ait fait une telle confusion minéralogique, qu'il n'ait jamais vu d'Ammonites ou bién qu'il lui soit passé un brouillard devant les yeux » (*De unicornu*, cap. XXXVII, p. 365, éd. de 1678.) Bartholin se serait épargné cette boutade, s'il avait pris la peine de lire le chapitre XXXVI du même livre de Pline; il y aurait vu que Pline donnait au mot *gemma* une signification très-élastique.

Elle a l'éclat de l'or ; on dit qu'elle procure des rêves qui présagent l'avenir, lorsqu'on a la précaution de se la placer sur les oreilles en se couchant (1). »

Quelques écrivains ont pensé que Solin n'était que l'abréviateur de Pline, en ce qui touche la géographie, parce qu'entre la manière dont Solin et Pline parlent desmêmes localités, on trouve une grande ressemblance d'idées et souvent les mêmes expressions. De même entre Dioscoride et Pline l'Ancien, en ce qui touche la matière médicale, on remarque une telle identité de rédaction, qu'un auteur du seizième siècle a osé accuser hautement Pline d'avoir copié Dioscoride sans le citer. Ce sont là deux accusations également mal fondées : Pline ne s'est jamais donné comme étant l'observateur des choses qu'il décrit ou qu'il rapporte ; son livre est une vaste encyclopédie où il a fait rentrer le fruit de ses lectures incessantes ; il prenait note de tout ce qui l'intéressait, et il a rangé tous ces extraits d'une manière méthodique. Le plus souvent il n'a fait que transcrire littéralement la phrase des auteurs qu'il compulsait, ce qu'on devrait toujours avoir soin de faire en pareil cas : le compilateur n'a jamais la main aussi heureuse que l'écrivain original ; on altère grandement la pensée à force de vouloir modifier, abréger, écourter ou interpréter le texte. Au reste, Pline a toujours eu soin de citer les auteurs à qui il emprunte ce qu'il écrit ; on trouve la liste de leurs noms à la fin de chacune des tables

(1) *Illic (circa templum Ammonis) et lapis legitur ; Ammonis vocant Cornu ; nam ita tortuosus est et inflexus, ut effigiem reddat cornu arietini. Fulgore aureo est ; prædivina somnia repræsentare dicitur subjectus capiti incubantium* (Solin, *Polyhistor*, cap. XXX, p. 332 de l'édition elzévirienne de Jérôme Vogel, 1646).

de matières de ses vingt-neuf livres, tables dont la réunion forme le premier livre de son HISTOIRE NATURELLE. Je crois avoir démontré, dans la *Revue complémentaire des sciences appliquées* (t. VI, p. 91 et 122 ; liv. d'oct. et de nov. 1859), que, si Dioscoride et Pline semblent si souvent se copier l'un l'autre, c'est qu'ils ont puisé à la même source et pris leurs descriptions, chacun de leur côté, dans l'ouvrage perdu de Sextus Niger, que Pline cite au nombre des auteurs qu'il a compulsés, et dont Dioscoride ne se donne nominativement presque que comme l'abréviateur. Quant à Solin, s'il se rencontre avec Pline, c'est également qu'il a puisé ses renseignements chez les mêmes géographes et historiens qu'avait compulsés Pline de son côté : car dans les passages où ces deux auteurs semblent se copier, on trouve chaque fois et des renseignements que l'un des deux oublie ou dédaigne de transcrire, et plus souvent encore des discordances qu'un copiste ne se permettrait pas aussi souvent. On le voit par exemple dans ce que nous avons cité de ces deux auteurs sur les *Cornes d'Ammon*, et quand il s'agit de la *Fontaine du soleil*, une des merveilles de l'oasis d'Ammon : Solin ne dit rien du phénomène de sa température, dont parlent tous les géographes et Pomponius Mela lui-même, d'après Hérodote ; tandis que Pline, de son côté, ne mentionne pas la puissance fertilisatrice que Solin reconnaît à cette fontaine. Une autre fontaine est signalée également par Pline et Solin comme remarquable par sa température glaciale à midi et chaude à minuit ; mais Pline la place chez les Troglodytes, et Solin chez les Garamantes aux environs de Debris ; fontaine sur laquelle Solin s'extasie, comme

offrant un phénomène merveilleux et inexplicable, et qui aujourd'hui doit s'expliquer tout naturellement d'après nos principes de météorologie appliquée à la physiologie : car supposez une source d'une température constante de 12° centigr., dans ces sables brûlants où la température de l'air s'élève vers midi jusqu'à 40°. Une pareille source devra paraître glaciale et produire la même impression de froid que si, dans nos climats, d'une température de 20° on passait brusquement à une température de — 8°. De même, pendant les nuits si fraîches de ces parages et où la température de l'air est dans le cas de descendre, par le vent du nord, c'est-à-dire de la mer, de 8° ou 6°, l'eau de la source doit y paraître chaude. Or, dans toute cette zone de l'Afrique, les sources vives doivent présenter le même phénomène d'alternance et d'opposition. Le froid n'étant qu'une déperdition de calorique, le sentiment de refroidissement sera le même, que l'abaissement du thermomètre s'arrête au-dessus ou au-dessous de zéro, pourvu qu'il y ait la même distance entre le *maximum* et le *minimum ;* dans l'un comme dans l'autre cas, il y aurait danger imminent de gagner à ce jeu une bonne fluxion de poitrine. Je ferme là cette parenthèse et je termine en donnant les citations à l'appui des assertions avancées ci-dessus sur la *Fontaine du soleil*. Pour les différences et les ressemblances qu'on remarque entre Pline et Solin, voyez : Hérodote (*Melpomène*) ; — Pomponius Mela, *De situ orbis*, lib. I, cap. VIII ; — Pline, *Hist. natur.*, lib. V, cap. V ; lib. II, cap. CIII ; et ailleurs) ; Solin (*Polyhistor*, cap. XXX et XXXII).

La variante de Solin va nous mettre sur la

voie de déductions aussi piquantes qu'inattendues.

De temps immémorial on avait remarqué le grand nombre de ces pierres figurées en cornes de bélier dans l'oasis que plus tard les géographes grecs désignèrent sous le nom d'*Hammos* (ἄμμος pour ψαμμος, le sable du désert, l'esprit rude remplaçant ψ. De plus, les habitants du pays (1), que tôt ou tard les touristes et les pèlerins désignèrent sous le nom d'Ammoniens (*Ammonii*), crurent pouvoir constater la propriété mystérieuse qu'avaient ces pierres de procurer des rêves vrais, puisqu'ils émanaient de la Divinité (*prædivina somnia*), des rêves qui présageaient l'avenir, quand on s'endormait en se plaçant une de ces amulettes sous l'oreille. Cette croyance ne devait pas manquer d'attirer dans ces parages une foule de pèlerins ; le prestige de la superstition est de tous les siècles. On y vint de Memphis ; on y vint même de Thèbes l'Égyptienne, de Thèbes aux cent portes, quoiqu'il fallût dix jours de marche, avec les jambes d'un Arabe, pour s'y rendre de cette dernière ville à travers une mer de sables brûlants, et au risque de périr de soif avant d'avoir touché au terme du pèlerinage.

Évidemment, la renommée de ces pierres figurées a précédé la fondation du temple de Jupiter Ammon, comme la géologie a précédé l'histoire (2), et comme

(1) Les géographes du dix-septième siècle disent que, de leur temps, cet oasis portait le nom d'*el Cancarro de Mahoma*.

(2) Les coquilles fossiles étaient si abondantes autour du temple d'Ammon et même sur toute la route qui y mène, que Strabon en avait conclu que l'oasis d'Ammon avait dû être un port de mer, tant il était éloigné de l'erreur des modernes qui, pendant si longtemps, n'ont vu dans ces empreintes (κόγχων, καὶ ὀστρέων, καὶ καραμίδων πλῆθος) que des jeux de la nature et de bizarres effets du hasard.

la jonglerie de la bonne vierge de la Salette a précédé la construction de la chapelle où se débite aujourd'hui l'eau merveilleuse qui purifie l'âme et le corps à prix d'argent. *Ammon*, avons-nous dit, est le nom de la localité ; ces pierres vénérées auront donc pris le nom de *Cornes d'Ammon*, comme les Bélemnites furent appelées les *Doigts du mont Ida* (*Dactyliidæi*) ; ces pierres ont donc dû porter le nom de *Cornes d'Ammon*, bien avant la fondation du temple. Mais tout ce qui est merveilleux ne saurait venir que de la puissance divine, et n'est point inhérent à l'objet immatériel que la terre ou la mer rejettent hors de leur sein ; à tout miracle il faut un dieu ; or, quel est le dieu des rêves, si ce n'est Jupiter, le dieu de l'atmosphère ? Jupiter fut donc gratifié de ce nouvel attribut ; et la religion d'alors eut un Jupiter de plus, le *Jupiter Ammon ;* comme celle d'aujourd'hui a une vierge de plus, la *Vierge de la Salette*, la même vierge ayant à la Salette une puissance qu'elle n'a pas à Hall ; comme à Hall elle a une puissance qu'elle n'a pas à Alsemberg. Les superstitions se répètent et ne sont souvent que la traduction les unes des autres.

Ainsi, ces cornes étaient des amulettes que l'on venait chercher de loin, à cause de leurs propriétés divines.

Un pareil trésor, relégué dans le fond d'un désert, ne dut pas tarder à y attirer, avec les pèlerins, des résidents à demeure ; des croyants qui invoquent, des marchands qui hébergent ou approvisionnent, des prêtres qui exploitent, puis un temple qui abrite le culte, enfin un temple dont l'amulette est la spécialité, et à la suite un village autour du temple.

La spécialité, l'amulette, était une pierre figurée en forme de corne de bélier, pierre fossile et pyriteuse, par conséquent ayant souvent la couleur et l'éclat de l'or, et qu'on n'avait, en s'endormant, qu'à se placer contre les deux oreilles pour obtenir des rêves présages de l'avenir. Le dieu du temple ne pouvait être mieux représenté qu'avec ces deux attributs sur les oreilles ; et c'est ainsi que les prêtres de Thèbes l'Égyptienne représentèrent leur dieu Ammon (θεὸς Ἄμμων, comme on lit sur certaines médailles, et spécialement sur celle de la figure 62, planche IX, du présent ouvrage), dans le temple qui devint la succursale du temple de l'oasis Ammon, pour les personnes qui n'osaient pas s'aventurer à travers le désert, et faire en dix jours près de cent de nos lieues actuelles, sur cette mer de sables arides et brûlants.

Il paraît que, dans l'oasis d'Ammon, on ne donna aucune forme humaine au dieu ; bien des peuples en ont fait autant, afin de ne pas profaner la grande et souveraine idée de la Divinité par une assimilation humaine, et n'ont jamais voulu l'adorer qu'en la voilant d'un mot ou d'une image matérielle et banale. Les Ammoniens adoptèrent, pour voiler l'idée, l'amulette elle-même, la *Corne d'Ammon*, l'*Ammonite* en un mot : car, d'après Quinte-Curce, le dieu qu'on adorait dans le temple d'Ammon n'avait pas une figure comme les statuaires se plaisent à représenter les dieux ; c'était tout simplement quelque chose d'analogue à un ombilic orné d'émeraudes et de pierres fines. Quand on allait le consulter, les prêtres l'apportaient dans un navire d'or, des flancs duquel pendaient un grand nombre de patères d'argent (l'argent des statues attire l'argent à l'escarcelle). Des dames patronesses et les jeunes filles de la congrégation chantaient à la suite de la procession, selon l'usage du pays, des cantiques incompréhensibles, dans la ferme croyance de rendre ainsi plus propice le dieu qui les comprenait mieux qu'on ne les comprenait autour d'elles, et afin d'obtenir de lui des oracles non équivoques en faveur des suppliants (1).

Le dieu du temple d'Ammon, d'après Quinte-Curce, au lieu d'une face humaine, n'avait donc d'autre forme que celle d'une espèce d'ombilic brillant de toutes les couleurs de l'émeraude et des irisations des pierres fines.

Si l'on rapproche ce passage de ceux de Pline et de Solin que nous avons cités plus haut, et qu'on ait sous

(1) *Id quod pro deo colitur, non eumdem effigiem habet quam vulgo diis artifices adcommodaverunt : umbilico maxime similis est habitus, smaragdo et gemmis congmentatus. Hinc, quum responsum petitur, navigio aurato gestant sacerdotes, multis argenteis pateris ab utroque navigii latere pendentibus. Sequuntur matronæ virginesque patrio more inconditum quoddam carmen canentes, quo propitiari Jovem credunt, ut certum edat oraculum* (Quinte-Curce, liv. IV, ch. VII, 24). — Lucain (*Pharsale*, liv. IX) semble rendre la même pensée dans ces vers :

. . . . *Stat certior illic
Jupiter, ut memorant, sed non aut fulmina vibrans,
Aut similis nostro, sed tortis cornibus Ammon.*

qu'on peut traduire de cette manière : « Là est le temple de Jupiter Ammon, dont les oracles sont plus certains qu'ailleurs, à ce que l'on rapporte ; mais ce n'est ni un Jupiter armé de la foudre, ni un Jupiter semblable au nôtre, il a la forme des cornes de bélier ; » en admettant que *tortis cornibus* se rapporte à *similis* ainsi que *nostro* ; car, dit Lucain, non-seulement ce Jupiter n'est pas armé de la foudre, mais même il n'a rien de semblable à ce que nous adorons.

les yeux un échantillon d'*Ammonite* analogue à l'*Amm. bifrons* de la planche V, figure 34 du présent ouvrage, il sera facile de comprendre que ce fétiche ayant la forme d'un ombilic d'après Quinte-Curce, ou de cornes recourbées sur elles-mêmes, d'après le passage de Lucain que nous citons dans la note ; que ce fétiche, dis-je, porté processionnellement par les prêtres dans un navire d'or, n'était autre, ou bien qu'une *Ammonite* de grande taille, une Ammonite gigantesque comme on en trouve si souvent dans nos terrains secondaires, ou bien une imitation de ces fossiles, une de ces amulettes enfin qui, interprètes de la volonté de Jupiter, avaient la puissance de procurer des rêves présageant l'avenir (*prædivina somnia*), quand on se les plaçait sous les oreilles avant de s'endormir (*subjectus capiti incubantium*).

Qu'on ne se récrie pas à l'idée que le paganisme ait pu se décider à adorer un dieu sous la forme d'une pierre fossile : Ce n'est pas seulement dans le temple d'Ammon que nous trouvons un dieu avec la forme d'une pierre quelconque : la statue de la *mater idæa* que les Romains, au temps d'Annibal, transportèrent, d'après la prescription des livres sibyllins, de Pessinonte (ville de Phrygie) à Rome, n'était autre qu'un bloc de pierre que les habitants de Pessinonte adoraient comme la mère des dieux (Tite-Live, XXIX, 11).

D'après Tacite, la Vénus de Paphos (dans l'île de Chypre) n'avait aucune forme humaine, mais seulement celle d'une borne en cône tronqué, « idée dont la raison nous échappe, » ajoute l'historien (*Hist.*, lib. II).

Maxime de Tyr, au lieu d'une borne, nous dit que la Vénus de Paphos était représentée par une pierre pyramidale.

D'après Strabon (*Géogr.*, liv. VI), à Delphes, on honorait Dieu sous la figure d'un ombilic voilé avec des bandelettes ; et Pausanias ajoute (liv. XX) que cette image était en marbre le plus pur.

Les Arabes eux-mêmes, ne pouvant autrement se figurer l'essence de leurs dieux, plaçaient devant leurs hommages une pierre cubique, signe de la plus grande perfection harmonique.

Tous ces emblèmes étaient des inconnues que les peuples figuraient de la manière la plus voilée et sans aucune de ces images qui auraient pu faire descendre la majesté divine jusqu'aux formes de l'espèce prosternée à ses pieds à l'effet d'invoquer sa puissance.

Les Juifs, au reste, ne mettaient-ils pas, à la place de cette incompréhensibilité, quatre simples lettres (יהוה), mot que les yeux lisaient et que la bouche ne devait jamais prononcer, si ce n'est par son équivalent *les Seigneurs* (*adonaï*).

Et dans la chrétienté, ne voyons-nous pas certaines sectes protestantes adorer Dieu sous la forme d'un pain, et les catholiques sous le voile d'une hostie, c'est-à-dire d'un pain à cacheter (vulgairement *pain à chanter*) ; pendant que les peintres et statuaires le mythologisent sous la figure d'un vieillard, d'un jeune homme et d'une colombe. Le voile quelconque, derrière lequel nous plaçons l'idée de l'Être des êtres, est plus révérencieux envers sa divinité que tous ces téméraires essais de ressemblance, si beaux à voir que le génie des arts nous les rende.

Il n'y a donc rien de contraire aux habitudes religieuses de l'humanité, en ce que le dieu du temple d'Ammon ait été offert à la vénération des suppliants, sous forme de l'*amulette* par les vertus de laquelle il manifestait sa puissance. Pour les prêtres du temple, Dieu était tout entier dans cette *ammonite-amulette*, puisque c'était elle qui attirait les croyants et l'or de leurs hommages à la suite.

Les prêtres du temple de Jupiter à Thèbes l'Égyptienne ayant affaire à une population moins superstitieuse et plus lettrée, à une population de grande ville, eurent soin de représenter leur Jupiter Ammon en Jupiter ordinaire, mais avec deux *cornes de bélier*, deux *cornes* d'Ammon, deux *ammonites* enfin sur les oreilles, et c'est de cette manière que sur les médailles grecques est représenté le dieu Ammon (θεός ἄμμων), ainsi qu'on peut le voir sur la *figure* 62 de la pl. IX du présent ouvrage, que nous avons empruntée à Baier (1) ; c'est le revers d'une médaille frappée aux frais des Mityléniens et des Pergaméens sous le préteur Valer. Aristomachus. Or, la corne, qui a tout à fait la forme d'une ammonite, se trouve placée ici sur l'oreille du dieu (*subjectus capiti incubantium*) et non sur le frontal, ainsi que toute corne de bélier doit s'insérer. De là vient que Phœstus appelle Jupiter κερατοφόρος (porteur de cornes), et Lucien κριοπρόσωπος (tête de bélier), car les statuaires égyptiens ont représenté souvent Jupiter avec une tête complète (cornes et museau) de ce *vir gregis* (mâle du troupeau).

(1) Baier, *Oryctographia norica*, tab. II, fig. b, p. 30 de l'édition in-folio de 1758, et p. 59 de l'édition in-4° de Nuremberg, 1708.

Alexandre le Grand est le premier souverain qui ait cru devoir s'affubler la tête de ces amulettes en cornes de bélier, à l'exemple de Jupiter Ammon qui, par la voix des prêtres du temple, l'avait reconnu comme son fils ; ce que Philippe de Macédoine avait refusé de faire par une excellente raison.

Héritiers de la puissance d'Alexandre et possesseurs de l'Égypte et des pays du désert dévoués au culte de *Jupiter Ammon*, les Ptolomées s'ornèrent la tête du même signe sacré, dans les médailles qu'ils firent frapper en leur nom.

Mais, soit qu'ils fussent peu familiarisés avec la tradition orthodoxe, soit pour ne pas trop s'écarter des traditions de la mythologie grecque, les graveurs de médaille, au lieu d'une amulette fossile placée sur l'oreille, eurent soin d'implanter de véritables cornes de bélier sur le frontal du souverain, ainsi qu'on le voit sur la médaille (*fig.* 60, *pl.* IX), qui représente Jupiter Ammon sous les traits de Ptolomée Évergète (1) ; sur celle de la figure 63, qui représente le même dieu sous les traits ambigus d'Alexandre (2) ; sur la médaille enfin, figure 64, qui le représente sous les traits de Lysimaque (3).

Les graveurs grecs continuèrent cet honneur aux empereurs romains, du moment où Rome eut conquis la Grèce, l'Asie et l'Égypte ; mais cette seconde fois ils modifièrent l'idée de corne, de manière à la faire concorder avec la mode romaine qui avait donné

(1) D'après Vaillant, *Hist. Ptol.* Amst. 1701, p. 50.
(2) Bartholin, *De unicornu*, p. 18, édition de 1678.
(3) Belloni, *Nota in numismata Ephesiæ*, tab. III, fig. 1.

le nom de cornes aux mèches de la chevelure tournées en tire-bouchons ; ce qui était un signe de grande distinction et réservé aux dames de la haute classe, comme on le voit sur les médailles de Statilia Messalina, d'Elia Petina, d'Héléna épouse de Gallien, de Didia Clara épouse de Didius Julius, de Martina, de Fausta, etc., et quant aux empereurs, sur la médaille de la figure 61 du présent ouvrage qui représente le Dieu Ammon sur le revers d'une médaille de l'empereur Trajan (1).

Peu à peu ces cornes de bélier (*retorta cornua*), devenues le symbole de l'émanation divine d'où découle la puissance terrestre, se détordirent sous le burin des graveurs et sous le ciseau du statuaire et se courbèrent seulement en cornes de bouc ; et c'est sous cette forme qu'elles s'appliquèrent sur les effigies d'Attila, pendant qu'il trônait à Milan, ce qui donnait, avec deux longues oreilles, à sa figure de Satyre une ressemblance frappante avec le dieu Pan ; c'est sous ces traits qu'Attila est représenté dans le *Promptuaire des medailles des plus renommées personnes*, etc. (2). Bartholin a eu deux fois entre les mains une médaille semblable qu'il a fait graver dans son ouvrage ci-dessus cité (chap. II, p. 20) ; il ajoute que le même type est reproduit sur une lampe antique provenant des fouilles d'Atesta (Este, dans le Padouan) et que J.-B. Zoja lui avait fait parvenir. Moscardo (3) a fait figurer (p. 117) une médaille d'Attila en argent et tout à fait analogue à celles du *Promptuaire* et

(1) Abraham Ortell, *Deorum dearumque capita vetustis numismatibus effigiata*. Antuerpiæ, p. 7 de l'édition de 1683.
(2) Seconde partie du *Prompt. des med.*, p. 94, Lyon, 1553.
(3) *Note ovvero memorie del museo di Ludovico Moscardo, nobile veronese*. Padoue, 1656, in-folio.

de l'ouvrage de Bartholin, avec seulement une grande différence quant à la pureté du dessin ; car ce n'est pas sous ce rapport que se distingue le musée de Moscardo.

C'est ainsi que les traditions s'altèrent avec le temps, et que, partant d'une origine parfaitement explicable, elles arrivent, en passant de bouche en bouche ou de plume en plume, à ne plus se rattacher à rien de naturel, jusqu'à ce qu'une circonstance analogique, nous ramenant au principe de la chose, vienne à faire jaillir, d'une révélation de l'étude, l'explication et comme l'enchaînement d'une foule de locutions, de représentations et d'usages, dont l'antiquité elle-même n'avait pas toujours deviné ou retenu le vrai sens.

A cette tradition tient sans doute l'usage de dorer les cornes des bœufs amenés pour le sacrifice, comme, dans le temple de Thèbes l'Égyptienne, on donnait aux cornes du dieu Apis l'éclat de l'or de certaines cornes d'Ammon pyriteuses.

Bacchus portait au front ces symboles de la puissance, Bacchus, le grand et irrésistible vainqueur, à qui Horace faisait allusion par ces deux vers adressés à son amphore :

> *Tu spem reducis mentibus anxiis,*
> *Viresque et addis cornua pauperi.*
> HORAT., lib. II, ode 21.

> Tu ramènes l'espérance
> Dans un cœur désenchanté,
> Et tu rends à l'indigence
> Et la force et la fierté (1).

(1) Ovide avait rendu la même pensée en même temps qu'Horace :
Vina parant animos, faciuntque caloribus aptos;
Cura fugit, multo diluiturque mero ;
Tunc veniunt risus; tunc pauper cornua sumit.
OVID., *De arte amandi,* lib. I, v. 237-239.

La fierté ! le nez au vent et les deux cornes en arrière ; c'est-à-dire, tu donnes au pauvre ces rêves heureux, augures d'un meilleur avenir, comme s'il s'était endormi avec une *gemma* de l'oasis d'*Ammon* sur chaque oreille ; ces cornes contre lesquelles l'enfer ne saurait prévaloir et devant lesquelles il doit s'incliner avec le respect dû aux révélations du destin :

> *Te vidit insons Cerberus aureo*
> *Cornu decorum, leniter atterens*
> *Caudam; et recedentis trilingui*
> *Ore pedes tetigitque crura.*
> HORAT., lib. II, od. 19.

> Cerbère en te voyant se tait, crainte d'affront
> A ces deux cornes d'or qui décorent ton front ;
> Il assouplit sa queue, et sa langue qui flambe
> Te lèche le talon et t'effleure la jambe.

Si la glyptique a su emprunter un ornement de tête à la légende des *amulettes-ammonites*, la mythologie l'a revêtue de l'une de ces fictions dont la réalité a échappé à tous les commentateurs, et dont l'origine et le sens ne se dégagent bien qu'à travers les révélations d'un passé que nous venons d'éliminer des deux passages de Pline et de Solin transcrits en tête de cet article :

Je veux parler des deux portes par lesquelles la mythologie faisait arriver les songes et que Virgile a chantées en ces termes :

> *Sunt geminæ Somni portæ, quarum altera fertur*
> *Cornea, quâ veris facilis datur exitus umbris ;*
> *Altera, candenti perfecta nitens elephanto ;*
> *Sed falsa ad cælum mittunt insomnia manes.*
> VIRG., *Æneid.,* lib. VI *ad finem.*

Par deux portes l'enfer laisse échapper nos songes :
L'une de corne s'ouvre aux rêves de bonheur ;
L'autre, où brille l'ivoire en toute sa blancheur,
Ne nous berce jamais que de grossiers mensonges.

N'entrevoyez-vous pas, dans la porte de corne, l'emblème et le souvenir de l'emploi des cornes fossiles de Bélier, des ammonites enfin, pour se procurer des rêves heureux?

Il est vrai que Virgile se sert de l'expression de *porta cornea* qui littéralement ne peut se traduire que par l'équivalent de *porte de substance cornée, ou de la nature de la corne.* Mais évidemment ce sont les règles de la prosodie qui seules ont motivé cette forme de l'expression; et l'on s'en convaincra par le passage d'Homère dont celui de Virgile n'est que la traduction libre; nous le transcrivons en entier pour les besoins de la cause :

> Δοιαὶ γάρ τε πύλαι ἀμενηνῶν εἰσίν ὀνείρων ·
> Αἱ μὲν γὰρ κεράεσσι τετεύχαται, αἱ δ' ἐλέφαντι ·
> Τῶν οἳ μέν κ' ἔλθωσι διὰ πριστοῦ ἐλέφαντος
> Οἳ δ' ἐλεφαίρονται, ἔπε' ἀκράαντα φέροντες.
> Οἱ δὲ διὰ ξεστῶν κεράων ἔλθωσι θύραζε
> Οἵ ῥ' ἔτυμα κραίνουσι βροτῶν ὅτε κέν τις ἴδηται.
> HOMER. *Odyss.* XIX, 562.

> Le rêve fugitif par deux portes s'esquive :
> L'une est en cornes, l'autre en ivoire luisant.
> Par les dents d'éléphant, celui qui nous arrive
> Nous leurre de propos que l'avenir dément;
> Par la porte de corne ici-bas qu'il nous suive,
> Il ne trompe jamais qui le voit en dormant.

Homère, bien loin de dire que l'une des deux portes, celle par laquelle nous arrivent les rêves vrais, fût de substance cornée, le désigne au contraire comme étant faite avec des cornes mêmes (αἰ μὲν κεράεσσι τετεύχαται); et deux vers plus bas il ajoute : les rêves qui nous viennent par les cornes polies et luisantes (διὰ ξεστῶν κεράων) et non par une porte de substance cornée.

Donc ou bien Virgile n'aura employé cette dernière expression que pour obéir aux exigences de la prosodie; ou bien la tradition homérique s'était-elle déjà altérée de son temps.

Quoi qu'il en soit, et d'après tout ce qui précède, il doit paraître presque évident que cette allégorie mythologique tire son origine de la superstition ammonienne, qui prêtait aux *cornes* fossiles *de bélier* des environs du temple d'Ammon, aux *Ammonites* enfin, la propriété divine de procurer des rêves empreints de vérité, et d'être, pour ainsi dire, leur véhicule et la porte par laquelle les mânes les faisaient parvenir à notre imagination, toutes les fois qu'on s'endormait après avoir eu soin de se faire de ces amulettes un oreiller.

Je ne me hasarderai pas à rechercher l'origine du *verso* de cette tradition et d'expliquer d'où a pu provenir la fable qui donne les dents d'éléphant comme formant la porte des rêves trompeurs; je l'ignore complétement aujourd'hui ; qui sait si un heureux hasard ne me la fera pas connaître demain? Je me contenterai de faire remarquer seulement l'analogie grammaticale du mot *elephas*, éléphant ou bien ivoire, avec le verbe *elephairetai* dont se sert Homère dans ce passage, pour exprimer la déception des rêves qui nous viennent par la porte d'ivoire : ce verbe vient-il d'*elephas*, animal

qui sait si bien vous caresser de sa trompe, avant de vous en appliquer un coup? ou bien *elephas* dérive-t-il d'*elephairetai*? C'est encore là un problème, mais du genre exclusivement grammatical. Ce qui est certain pour la thèse que nous avons soutenue ci-dessus, c'est que du temps d'Homère, et même du temps du siége de Troie, les Grecs connaissaient l'Égypte et ses divers cultes, mieux que les modernes avant notre mémorable expédition d'Égypte : l'*Odyssée* le prouve suffisamment.

Autre rapprochement : Lorsqu'il s'agit de traditions égyptiennes, on est presque toujours sûr d'en rencontrer les traces dans les livres qu'Esdras est censé avoir révélés au peuple juif sous le nom de *Pentateuque*. Car Moïse, que poétise Esdras, aurait été d'après lui élevé à Memphis et se serait instruit de la science des prêtres et de toutes leurs légendes. Or, nos *Cornes d'Ammon*, inspiratrices des rêves vrais, jouent un rôle devenu célèbre en peinture dans la légende de Moïse. On y rapporte en effet que, lorsque ce législateur descendit de la montagne, porteur des Tables de la loi, sa face était cornue sans qu'il s'en aperçût, pour nous servir des termes de la Vulgate (*ignorabat quod cornuta esset facies*), et cela parce qu'il avait eu commerce et avait conversé avec Dieu (*ex consortio sermonis Domini*) (1) ; Aaron et les enfants d'Israël craignaient de s'approcher de lui, en lui voyant la face ainsi cornue (*videntes Aaron et filii Israel cornutam Moysi faciem, timuerunt prope accedere*) (2). Il se couvrait la tête d'un voile

(1) *Exod.*, cap. xxxiv, v. 29.
(2) *Ibid.*, v. 30.

quand il avait fini de parler au Seigneur et qu'il venait en rapporter la volonté au peuple ; voile qu'il quittait en retournant auprès du Seigneur (1).

Ainsi s'exprime la version de la Vulgate, c'est-à-dire la traduction faite d'après l'hébreu, qu'il entendait très-bien, par saint Jérôme (au cinquième siècle); traduction adoptée de confiance, et comme la seule authentique, depuis cette époque, par l'Église chrétienne. Il paraît que, lorsque le catholicisme en fut revenu au culte des images, ces deux cornes sur les oreilles de Moïse offusquèrent les croyants, comme offrant une trop grande analogie avec l'image des dieux à tête de bélier qu'adoraient les Égyptiens; et l'on songea dès lors à détourner l'attention de ce sens par une métaphore que le pinceau pût rendre d'une manière plus poétique. On transforma donc les deux cornes symboliques en deux pinceaux de rayons qui auraient jailli du front de Moïse ; on s'appuyait en cela sur le double sens que le mot קרן présente, selon les points-voyelles qui le souscrivent : קֶרֶן (*qhérén*) signifiant corne, et קָרַן (*gharan*) signifiant faire jaillir des rayons lumineux.

Aussi voyons-nous Sanctes Pagnin (2), après avoir énuméré une foule de passages où ce mot a l'acception de *corne* dans toute sa matérialité, traduire le passage auquel correspond le *verset 29 du chapitre 34 de l'Exode*

(1) *Exod.*, cap. xxxiv, v. 34.
(2) *Thesaurus linguæ sanctæ seu Lexicon hebraïcum*, 1529, grand in-folio. Ce dictionnaire n'a été égalé, dans sa prodigieuse érudition, que par le *Thesaurus linguæ latinæ* de Robert Estienne, paru en 1531, et par le *Thesaurus græcæ linguæ* de son fils Henri Estienne, paru en 1572.

par cette phrase : *Moseh nesciebat quod* קָרַן, *id est, splenderet cutis vultus sui (aut faciei suæ) dùm loquebatur cum illo.* De même, Watable, ou plutôt Robert Estienne, traduit ce passage d'après l'hébreu en ces termes : *Nesciebat (Mosche) quod radios ejacularetur cutis faciei ejus ex colloquio divino;* et les peintres se sont conformés à cette interprétation qui se prête si bien à l'effet poétique et grandiose de cette scène.

Cependant saint Jérôme était un savant hébraïsant et placé beaucoup plus près que les modernes de la vraie source du langage hébreu dans toute sa pureté; il ne cessait de consulter, en procédant à sa traduction latine, les Juifs les plus instruits dans la littérature hébraïque, les Juifs qui faisaient autorité dans l'interprétation des Écritures. Car les Juifs à cette époque étaient invoqués comme ayant par tradition le dépôt de la foi, le dépôt de la théologie; le chrétien différait d'opinion avec eux sur Jésus-Christ, mais faisait cause commune avec eux en tout ce qui a devancé sa venue; et à ce point de vue, il se conformait aveuglément à la tradition dont les Juifs étaient dépositaires ; les Juifs étaient les maîtres d'école et les grands-pères des chrétiens. Plus tard les disciples ont rudement fustigé leurs maîtres ; les Gros-Jean ont voulu en remontrer à leurs curés la verge à la main, et les petits-enfants ont donné les étrivières à leurs grands-pères.

Quoi qu'il en soit, saint Jérôme invoquait le témoignage des Juifs, au lieu de les maudire ou de vouloir les faire brûler. En bien des endroits des préfaces qu'il met en tête des divers livres de sa traduction de l'Écriture, il parle des bons renseignements qu'il a obtenus en consultant les Juifs les plus savants de son époque : « Il faut, dit-il, dans la préface des *Paralipomènes*, en revenir toujours aux Hébreux, dans la langue desquels Jésus-Christ a parlé, et dans la foi desquels ses disciples puisent leurs exemples. » — « Nous avons eu soin, dit-il dans une autre préface du même livre, nous avons eu soin de parcourir toutes les régions de la Judée que vénèrent les églises du Christ, en nous faisant accompagner par les plus savants Hébreux.... Je ne me suis jamais entêté dans mon opinion, mais je n'ai jamais manqué de les consulter même sur des choses que je croyais le mieux savoir... Quand il s'est agi de traduire en latin le livre des Paralipomènes, je me suis adjoint un certain docteur de la loi originaire de Tibériade, le plus vénéré pour sa science parmi les Hébreux, et j'ai collationné sous lui ma traduction avec le texte, depuis le frontispice jusqu'à la fin du livre. » — Dans la préface de *Tobie*, il ajoute : « Comme la langue des Chaldéens se rapproche infiniment de l'hébreu, je me suis emparé pendant un jour d'un savant qui parle avec la même facilité les deux langues, et j'ai fait écrire en latin sous sa dictée par mon secrétaire tout ce qu'il me traduisait du chaldéen en hébreu. » — Dans la préface de *Job*, Jérôme dit encore : « Pour l'intelligence de ce volume, j'ai employé (ce qui m'a coûté une assez forte somme d'argent) un certain maître d'école de Lydda, qui passe parmi les Hébreux pour le premier des savants de ce genre. » — Dans la préface de la traduction de *Daniel*, il ajoute : « J'ai cédé aux conseils d'un Juif pour apprendre le chaldéen; et moi qui me croyais un petit savant, je suis retourné à l'école des Hébreux afin de me familiariser avec le chaldéen. »

Ces passages suffiront pour faire comprendre combien, en ce qui ne blessait pas les dogmes des premiers chrétiens, la traduction latine de saint Jérôme a dû reproduire avec fidélité le sens que les savants de la synagogue de son temps attachaient au texte hébreu.

Donc, il doit être admis que, si la phrase hébraïque a été fidèlement traduite, c'est par saint Jérôme dans la Vul ate, et que le *facies cornuta* que reproduit deux fois le texte de saint Jérôme, à la fin du même chapitre XXXIV de l'Exode, rend exactement le sens de la phrase hébraïque [1], le sens tel que la tradition ancienne l'avait transmis aux Juifs contemporains; et qu'enfin de toute antiquité il était reconnu parmi les Juifs qu'en descendant de la montagne, Moïse avait oublié de se débarrasser de deux cornes qu'il s'était adaptées sur les deux oreilles, alors qu'il désirait avoir avec la Divinité une communication par les rêves présages d'avenir et oracles de vérité.

Ce qui vient encore à l'appui de cette interprétation, à laquelle aucun auteur n'avait songé avant nous, c'est une médaille juive qu'a fait graver Bartholin [2], entre les mains duquel elle était tombée pendant son séjour à Rome. Nous l'avons reproduite sur la figure 65 de la pl. 17 de la première édition du présent ouvrage et sur la pl. IX, *fig*. 65 de cette nouvelle édition. Baier (Jean-

---

[1] כִּי קָרַן עִיר פְּנֵי מֹשֶׁה *Moisis faciei cutis cornuta erat quia;* au lieu de : *quia irradiabat facies Moisis* (Exod., cap. XXXIV, v. 29).

[2] *De unicornu,* p. 26 de l'édit. de 1678.

Jacques) est le seul auteur que nous sachions qui ait mentionné avant nous cette médaille d'après Bartholin ; on peut en voir la figure sur la pl. II, *fig. a* de son *Oryctographia norica*, page 30 de l'édition de 1758, in-fol.

Par une de ces bonnes fortunes qui semblent n'arriver qu'à nous, mon fils Camille, le médecin, a retrouvé chez un brocanteur de Paris la même médaille dans un parfait état de conservation, et j'ai eu à tâche de la faire dessiner de nouveau par mon fils Benjamin afin de la reproduire, *fig.* 66 et 67 de la même planche, avec des particularités que le dessinateur de Bartholin avait complétement laissées de côté, particularités qui viennent plus que jamais à l'appui de la thèse que nous soutenons dans ce paragraphe.

Dans l'une comme dans l'autre reproduction, on lit distinctement le nom de *Moschè* (Moïse) sur le haut de l'étole ou sur le collet du manteau de cette figure. La tête est recouverte d'une calotte à laquelle est attachée, à la hauteur de l'oreille, une corne qui représente, même sur le dessin incomplet de Bartholin, une véritable *Corne d'Ammon*. Mais sur la médaille que nous possédons, se voient des particularités que le dessinateur de Bartholin a négligé de rendre sensibles et qui pourtant achèvent de démontrer que le graveur de la médaille a eu réellement l'intention de représenter les *Cornes d'Ammon*, les *ammonites*, que les croyants se plaçaient sur les oreilles en s'endormant afin d'obtenir du ciel la faveur de rêver vrai. Car non-seulement la corne qui est placée sur l'oreille de Moïse est conformée comme une ammonite en général, et en particulier comme l'*ammonites annulatus* qui

est placée au centre de la figure 59, pl. IX du présent ouvrage ; mais même la calotte à laquelle est accolée latéralement cette *ammonite* si bien caractérisée, est un fragment d'une plus grosse ammonite qu'on aurait évidée pour servir de couvre-chef.

Depuis près de deux cents ans que Bartholin a donné connaissance de cette médaille, nous croyons être les premiers à l'avoir retrouvée : c'est une médaille en bronze d'épaisseur inégale qui paraît avoir été fondue plutôt que frappée et qui ne porte aucune trace d'usure ; elle a été colorée en brun plutôt que patinée. Bartholin pensait qu'en l'éditant, les Juifs auraient eu l'intention de faire rougir les chrétiens de ce qu'ils se plaisaient à peindre Moïse avec deux cornes. Cette opinion ne se soutient pas en présence du passage de l'Écriture qu'on lit sur le revers et que reproduit exactement la fig. 67 de notre planche IX. Ce passage se rapporte au troisième verset du chapitre xx° de l'Exode de notre Vulgate qui le traduit par ces mots : *Non habebis Deos alienos coram me* (1). Les Juifs, de tous les temps, se seraient bien gardés d'abord de caricaturiser leur Moïse pour se moquer, par contre-coup, des chrétiens, et ensuite d'apposer sur une caricature un verset d'un des livres qu'ils respectent le plus. On voit bien que s'ils avaient en intention de caricaturiser quelqu'un en frappant

(1) Le graveur inconnu de la médaille a désassocié les lettres des mots hébreux qu'il ne comprenait pas sans doute ; nous rétablissons ici le texte orthographique, en y ajoutant les points ; et nous le soulignons de la traduction latine, que l'on doit lire à rebours, c'est-à-dire, comme l'hébreu ; de droite à gauche.

לֹא יִהְיֶה לְךָ אֱלֹהִים אֲחֵרִים עַל פָּנַי

Meam faciem coram alieni dii tibi erunt non.

cette médaille, ce serait Moïse, et non les chrétiens, qui aurait été possible de la plaisanterie.

Donc, c'est plutôt une tradition qu'une allusion que les éditeurs de la médaille ont voulu faire parvenir à la postérité en mettant en circulation cette empreinte.

A quelle époque remonte cette médaille ? Je l'ignore. Je crois même cette épreuve de la facture du seizième siècle ou du commencement du dix-septième. Peut-être était-elle destinée à faire partie d'une collection ; mais du moins il est évident qu'elle est d'inspiration juive, et que l'exécution en a été confiée à un artiste d'une autre religion lequel, n'entendant pas l'hébreu, au lieu de grouper les lettres des mots, s'est contenté de placer des lettres à la suite les unes des autres ; l'initiale du mot suivant à la suite du mot précédent, ainsi qu'on peut s'en assurer en confrontant les alignements de lettres de ce revers (*fig.* 67 de la pl. IX du présent ouvrage), avec la vraie manière de grouper ces caractères ou mots que nous avons donnée dans la note de la colonne ci-contre.

Tout porte à croire que cette médaille a été une espèce de jeton, un signe de reconnaissance entre les Juifs ou dans une secte de Juifs, et qu'ils se gardaient bien de la jeter dans la circulation et dans le commerce.

Un jour que j'en montrais la figure gravée sur notre planche à un Israélite de Francfort-sur-le-Mein, il s'écria, avant d'avoir lu même les mots de l'étole : *Moschè, Moschè ;* mais il ne chercha pas à me demander d'où je tenais l'original, et il ne répondit plus à aucune de mes questions sur ce sujet. Regardait-il cet objet avec indifférence, ou bien éludait-il les questions que je lui faisais ? Je l'ignore.

Il n'en est pas moins curieux qu'au bout de près de deux cents ans, cette médaille soit tombée entre nos mains aussi bien conservée que du temps de Bartholin, et que nul auteur n'en ait fait mention depuis lui comme l'ayant revue de ses propres yeux.

Quoi qu'il en soit, voilà bien stéréotypée la tradition que saint Jérôme avait traduite sous la dictée des Juifs les plus savants de son époque (cinquième siècle), tradition que cette médaille reproduit aux yeux, conformément à l'explication que nous venons d'en donner et que les Juifs se gardèrent bien de donner à saint Jérôme.

Moïse, en descendant de la montagne, aurait donc, d'après Esdras, oublié de se débarrasser de ces deux amulettes, sur lesquelles il venait de s'endormir afin de communiquer en songe avec la Divinité.

A la vue de ce signe, les Hébreux, ayant la conscience de leur défection de la veille, se sentirent frappés de terreur, convaincus que, par l'influence de ces amulettes qui donnent des visions vraies, Moïse avait eu connaissance de la défection de son peuple, et qu'il accourait chargé de la vengeance du Seigneur.

Si la figure n'avait été que rayonnante, ils auraient éprouvé un sentiment non de frayeur, mais de vénération.

Sans cette explication, et de quelque manière qu'on traduise le *gheren* de l'Exode, on ne comprend ni la terreur des fils d'Israël ni le soin que prenait Moïse de se voiler la face.

On connaît notre opinion sur l'origine du *Pentateuque* et des autres livres de l'Ancien Testament. D'après nous, ils ne remontent pas plus haut qu'Esdras qui les révéla aux Juifs, lesquels jusque-là, c'est Esdras qui le rapporte lui-même, n'en avaient aucune connaissance. On me demandera dès lors comment il se fait qu'Esdras ait connu cette tradition égyptienne, lui qui n'avait été en captivité que dans la Chaldée ? Je réponds que le rôle des ammonites, dans la croyance des peuples, n'était pas confiné exclusivement dans l'oasis d'*Ammon*, mais que la même croyance est répandue de temps immémorial dans la Mésopotamie et dans tout l'Indoustan, où les voyageurs modernes l'ont retrouvée formulée presque de la même manière (1). Esdras aura donc pu faire entrer cette particularité dans sa légende, sans l'avoir reçue de la tradition égyptienne directement.

De tout ce qui précède, il découle que la traduction de la phrase hébraïque par saint Jérôme (*quod cornuta erat facies*), est la seule conforme à la tradition la plus reculée ; que dans tous les temps les Talmudistes ont interprété le texte hébreu en ce sens ; que sur ce sujet ils en savaient plus qu'ils n'en ont laissé transpirer parmi leurs petits-neveux les chrétiens, et que s'il leur était permis d'être francs avec les infidèles (les *Goïm* comme ils nous nomment), ils avoueraient que nous avons donné pour la première fois, dans ce paragraphe, l'explication la plus naturelle de l'épisode que nous avons emprunté au livre qu'ils désignent par ses deux premiers mots *Veelle semoth*, et que les chrétiens appellent *exodus* (livre de la sortie d'Égypte).

(1) Voyez *Lettres édifiantes*, t. XXVI, 1743 ; Sonnerat, *Voyage aux Indes orientales*, t. I, p. 173, et les auteurs subséquents.

§ 2. — **Aperçu historique au sujet de l'analogie des ammonites.**

Bernard de Palissy, cet illustre novateur en fait de *rustiques figulines* (1), comme il désignait ses chefs-d'œuvre en faïence, a été en 1589, parmi les modernes, le premier à faire rejeter l'idée de ne voir, dans les empreintes fossiles de coquillages, que des pierres figurées par le hasard (*lapides figurati*), ou des jeux bizarres de la nature, opinion jusques à lui professée par les doctes et les savants de profession de la renaissance des lettres. Nous avons fait remarquer plus haut (2), il est vrai, que quinze cents ans avant lui, Strabon, ce grand géographe, avait vu dans les coquilles fossiles disséminées sur la route qui conduisait au temple d'Ammon, les analogues des coquilles de la mer ; d'où il avait conclu que ce sol avait été anciennement ensablé par les flots de la Méditerranée.

En 1654, Wormius (3) considérait les ammonites comme des squelettes de serpents, surpris par la fossilisation, pendant qu'ils étaient enroulés sur eux-mêmes. Dans cette hypothèse, les concamérations désarticulées (pl. VII, fig. IV, *d, c, b,* de cet ouvrage), en auraient été les vertèbres isolées ; ce qui a fait donner par Scheuchzer, à ces concamérations, le nom de *spondylolithes* (de σπόνδυλος ou σφόνδυλος, vertèbre, et λίθος, pierre ; c'est-à-dire vertèbres fossiles). D'autres géologues pri-

(1) Du latin *figulina, æ,* ou *figulinum, i,* et par abréviation *figlina, figlinum* (poterie, vaisselle en terre cuite) ; *figulinus,* potier ; de *fingo,* je façonne, je moule.
(2) Page 7 du présent ouvrage.
(3) *Museum Worm.,* p. 00.

rent les ammonites pour des vers d'une taille gigantesque. Lister (1) en soupçonna l'analogie avec les coquilles; Langius (2) et Scheuchzer (3) confirmèrent cette opinion et rapportèrent les ammonites à des coquilles de mer encore inconnues à l'état vivant.

Vers le milieu du dix-huitième siècle, Giovani Bianchi, en voulant s'occuper spécialement de l'étude du flux et du reflux de la mer Adriatique, sur le rivage de Rimini, se sentit entraîné à étudier parallèlement les coquilles rejetées par la mer avec le sable; et, en passant des grandes espèces aux petites et des petites aux plus petites, il vit tout un monde microscopique de Nautiles et d'Ammonites se reproduire à ses yeux, à peine de la grosseur d'un grain de sable; de telle sorte que, dans un volume de sable du poids de six onces, il put compter jusqu'à 6,700 individus de l'espèce qu'il appelle *Cornu ammonis littoris Ariminensis vulgatissimum*. C'est le fruit d'une longue et minutieuse observation de toutes les espèces qui lui tombèrent sous les yeux, qu'il publia en 1760 sous le pseudonyme de *Janus Plancus* (4). Comme toutes ces espèces de coquilles microscopiques analogues aux *nautiles* et aux *ammonites* se trouvaient dans le sable de la mer, Bianchi (*Janus Plancus*) pensa qu'elles étaient, ainsi que les autres coquillages rejetés par la mer, les

(1) *Hist. conch.*, 1685.
(2) *Lithophyt. Britann. ichnograph.*, 1699.
(3) *Oryct. helvetica*, t. III de l'*Itinéraire*.
(4) *Jani. Planci Ariminensis de conchis minus notis liber. Cui accessit specimen æstus reciproci maris superi ad littus portumque Arimini. Editio altera duplici appendice aucta.* Romæ, 1760. (In-4° de 436 p. et 24 planches.)

dépouilles de tout autant d'animaux vivants. Cependant il n'a jamais vu l'animal; il n'en fait pas la moindre mention; il ne lui est pas même venu la pensée de se mettre à sa recherche. Il lui a suffi de trouver ces petits coquillages mêlés au sable de la mer, pour rester persuadé qu'ils étaient nés contemporainement dans les flots de cette mer; et tous les observateurs qui sont venus après lui ont commis, sur ce point, la même inconséquence. Ce qui aurait dû inspirer des doutes à l'auteur, c'est qu'ayant étudié ensuite comparativement les fossiles des montagnes qui entourent Rimini, il y a retrouvé les mêmes espèces de ces nautiles et ammonites que les flots de la mer accumulent sur le rivage. Pourquoi ne pas admettre dès lors que ces petites dépouilles ont été entraînées dans la mer, avec les terres sablonneuses, par les torrents qui descendent de ces montagnes après les pluies diluviennes et la fonte des neiges, roulant vers la mer les débris des roches, de sable et des fossiles microscopiques ? Vingt ans plus tard parut, sur le même sujet, l'ouvrage de Soldani, abbé des Camaldules, qui dut prendre le goût de cette étude dans l'œuvre de Bianchi qu'il ne cite pourtant nulle part (1). Soldani ne prétend pas avoir observé ces petites coquilles vivantes, car il ne les a étudiées que dans les terrains coquilliers des environs de Sienne, et dans certaines autres régions de l'intérieur de la Toscane.

(1) *Saggio orittografico ovvero osservazioni sopra le terre nautilitiche ed ammonitiche con appendice o indice latino ragionato de i piccoli testacei ed'altri fossili d'origine marina, per schiarimento del' opera del padre Ambrogio Soldani, abate calmaldolese.* Sienne, 1780. (In-4° de 146 p. et 25 planches.)

Fichtel et Moll (1) en 1803, n'ont fait, comme Soldani, que s'attacher à décrire et à figurer avec la plus grande élégance les nouvelles espèces de ce genre qu'ils ont découvertes dans les stratifications géologiques, sans s'occuper de l'animal présumé vivant dans les sables de la mer.

Cependant, dès 1688, Rumphius avait mis les savants sur la voie de ce fait physiologique, en faisant connaître l'animal du nautile par une description étendue et une figure exacte (2); et il était évident que l'animal qui habite la coquille du nautile, appartient à la classe des céphalopodes. L'analogie indique que l'animal perdu des Ammonites a dû appartenir à la même classe. Donc, si les nautiles microscopiques des sables de la mer émanent d'un animal vivant de nos jours, on ne doit pas manquer d'occasion de le surprendre dans son expansion naturelle et d'en découvrir la configuration, l'analogie et même l'organisation. Après les nombreuses figures qu'ont publiées Bianchi, Soldani, Fichtel et Moll, il aurait semblé que l'attention des naturalistes qui se sont occupés du même sujet se serait portée spécialement sur ce point intéressant. Nos savants officiels du dix-neuvième siècle ont préféré se jeter dans des divagations sans nombre ayant pour but de classer les figures que nous ont

(1) *Testacea microscopica aliaque minuta ex generibus Argonauta et Nautilus, ad naturam delineata et descripta à Leopoldo Fichtel et à Joanne Paulo Carolo a Moll, cum 24 tabulis ere incisis.* Vienne, 1803, in-8°.
(2) *De Nautilo velificante et remigante* (*Ephem. academ. nat. curios.* dec. II, ann. 7, 1688, p. 8 et 9). De nos jours Owen a eu la bonne fortune de pouvoir disséquer le même animal sur un échantillon venu de l'Océanie.

données les auteurs du dix-huitième siècle, changer le nom des espèces, transformer les espèces en genres, les genres en familles; c'est sur ce terrain que pendant vingt ans les amours-propres froissés ont débattu leurs prétentions pleines de rancunes et de mesquinerie, afin de se partager la gloire de classer mieux ou de mieux dénommer qu'un autre les espèces que souvent ils ne connaissaient que par les figures de Soldani et de Fichtel et Moll; la peau de l'ours qu'on se partage avant de l'avoir tué! Je donnerais toutes les collections que ces messieurs n'ont peut-être pas eues entre les mains, pour une seule petite occasion de voir le petit animal artisan de ces petites coquilles; et je regrette de ne pas habiter sur les rivages où elles abondent, pour m'assurer, par les moyens que j'ai vulgarisés depuis 1824, si cet animal se reproduit encore de nos jours.

Alcide d'Orbigny prétend l'avoir aperçu une fois; à sa place je ne l'aurais pas avoué; car avoir manqué une si belle occasion de procéder à une telle étude, c'est avoir fait preuve de bien peu de philosophie et de beaucoup de légèreté. Il est vrai qu'à cette époque on était bien jeune; et les jeunes gens sont enclins à attraper la première occasion de se faire valoir (1), au risque de nous rappeler que la Charente est assez près de la Garonne. Au lieu d'ajouter quelques formes prétendues nouvelles aux nombreuses figures publiées par Bianchi, Soldani, Fichtel et Moll, il y avait une

(1) Voyez le *Tableau synoptique de la classe des Céphalopodes*, par A. Dessalines d'Orbigny, précédé d'une introduction, par de Férussac, présenté à l'Académie des sciences le 7 novembre 1825, et publié dans les *Annales des sciences naturelles*, t. VII, 1820.

bien plus grande gloire à dessiner au microscope ces petits animaux et à en faire une étude anatomique approfondie. La seule indication qu'il nous en donne n'est en définitive qu'une hypothèse calquée sur la révélation de Rumph (*loc. citato*). « Il a pu distinguer, dit-il, un grand nombre de fois que le test de ces petites coquilles était entièrement renfermé dans le corps ou le sac du céphalopode, ou du moins qu'il était entièrement recouvert par une membrane ou tunique, et que cet animal était pourvu d'une grande quantité de bras, comme celui du Nautile pompile. » (P. 100 des *Annales des sc. nat.*, t. VII). — Et ce jeune auteur qui a pris tant de soin de redessiner quelques coquilles d'espèces assez douteuses à la suite des belles et nombreuses planches de Soldani et de Fichtel et Moll, n'a jamais éprouvé la passion de dessiner si imparfaitement que ce fût cet animal si facile à décrire en quelques mots. C'est sans doute une préoccupation de débutant qui aura pris quelque substance glaireuse attachée à la coquille, pour l'animal lui même de cette coquille. Que voulez-vous? en ce temps-là de pieuse mémoire, on colligeait plus pour les besoins de la bonne cause qu'on n'observait scrupuleusement; on marchait sur les traces de Blainville, en se gardant bien de le distancer.

Je ne sache pas que, depuis cette époque, on ait fait un pas de plus dans cette voie abandonnée. Faute donc d'avoir sous les yeux l'animal ou l'iconographie de ces nautiles et argonautes microscopiques, nous allons nous attacher à l'anatomie du produit des grandes espèces d'ammonites autant que nous le permettront leurs restes fossiles, presque convaincu que les individus microscopiques qui pullulent dans les sables des rivages de la mer, ne proviennent, en général, comme les grains de sable eux-mêmes, que de la désagrégation des roches calcaires dont les pluies ont entraîné les détritus dans les fleuves, et les fleuves dans la mer.

Avec des débris plus ou moins incomplets et plus ou moins altérés par la fossilisation, reconstruire par la pensée la coquille des ammonites, tel était le problème que, de 1829 à 1831, nous entreprîmes de résoudre. A part la détermination des *spondylolithes*, les annales de la science n'offraient aucun travail qui pût nous guider dans cette voie. La nouvelle impulsion des études avait porté les riches savants officiels à se faire un nom par la création de noms génériques et spécifiques, mots souvent tout le contraire d'une idée; mais des mots qui, bons ou mauvais, nécessitent la citation flatteuse ou critique du nom du créateur (c'est ainsi que l'on désignait tous ces fléaux de la nomenclature), tandis qu'une idée est au pillage et ne donne droit à aucune citation. Je ne sache pas d'époque où les hommes payés pour avoir des idées, aient plus forgé de mots tirés du grec, langue dont souvent ils n'entendaient pas mieux les principes grammaticaux que le latin.

Après avoir posé les termes du problème, et en avoir résolu la plus grande partie, la grande difficulté pour nous était de publier les résultats de ce long travail : Nos sinécuristes, non contents d'exploiter l'or des contribuables et de l'employer à se caresser l'amour-propre ou à se l'agacer, en se prélassant dans leurs fauteuils que la révolution tant maudite par eux venait de leur rembourrer, nos sinécuristes, sybarites de la science, par la grâce de Dieu, avaient profité de la trahison qui exploitait la révolution du peuple, pour fermer les portes de la publicité à tous les travailleurs qui ne demandaient rien à l'État et ne procédaient que de l'indépendance de la pensée. Enfin, en 1831, il nous devint possible de développer, dans le petit journal de l'instruction publique intitulé *le Lycée*, les résultats de nos observations et de nos inductions sur l'anatomie des Ammonites. Mais, *Barbarus has segetes !* en un tour de main, ces idées furent escamotées, en vertu de ce saint adage de l'évangéliste Matthieu (ch. xxv, v. 29), que ces messieurs avaient écrit en lettres d'or sur le dos du fauteuil de leurs sinécures : *Omni habenti dabitur et abundabit; ei autem qui non habet, et quod videtur habere auferetur ab eo;* passage que le Belzébuth à trois cornes parodie de la manière suivante : « A qui nous sert, si riche qu'il soit, il sera donné, afin qu'il nage dans l'abondance; mais à qui nous résiste, on lui enlèvera même le peu qu'il semble posséder; » les messieurs de mon jeune temps traduisaient ce passage par cette formule plus concise et plus draconienne : « Emparez-vous de ça » (*historique*). Car ces messieurs ont tout, émoluments fabuleux, livres des bibliothèques, vastes collections du Muséum, inabordables à tous autres; ils ont tout, excepté des idées; force leur est de les prendre aux autres; de ce produit les maigres nourrissent les gras. Le bienheureux à qui notre travail fut adjugé, dès son apparition, par la Congrégation, ce fut De Buch, qui, comme compatriote et favori d'Humboldt, y avait au droit, de plus que les autres, un droit de conquête. Ceux qui ne lisent que les livres universitaires, croi-

ront peut-être, en lisant certains de nos passages relatifs à la reconstruction d'une Ammonite, qu'ils ont été empruntés au travail de De Buch; nous les invitons à tenir compte des dates des deux publications; et nous passons outre sans plus nous préoccuper de ces grands accapareurs des moissons d'autrui (*Barbarus has segetes*), à qui, derechef et d'une manière plus ou moins polie, nous reprenons notre bien pour mémoire à chaque première occasion qui se présente, avec d'autant plus d'à-propos, que les usurpateurs, en voulant se donner l'air de novateurs, gâtent toujours un peu l'idée originale.

§ 3. — **Anatomie de la coquille des Ammonites fossiles.**

En voyant ces lourdes et quelquefois énormes (1) pierres figurées que nous classons parmi les *cornes d'Ammon*, on serait tenté de se demander comment un animal mou a pu non-seulement élaborer, mais traîner après lui et soulever dans les flots une aussi pesante machine. En y réfléchissant de plus près, on s'aperçoit que le plus souvent une telle pierre n'a plus rien de ce qui constituait la coquille du Céphalopode, qu'elle n'est qu'un agrégat terreux qui s'est moulé dans la cavité que cette coquille, peut-être aussi légère que celle de l'*Argonaute papyracé,* avait marquée de son empreinte en s'oblitérant.

1° La substance du test des Ammonites a été dévorée par l'influence du milieu dans lequel les coquilles vi-

(1) On en trouve dont le diamètre atteint près d'un mètre.

vantes ont été enfouies par le cataclysme, quand ce milieu est tel de sa nature qu'il puisse s'isoler facilement de l'empreinte que ces coquilles y ont marquée; nous n'en possédons alors que les moules; ce qui leur est commun avec une foule d'autres espèces de coquilles enfouies dans les mêmes gisements, telles que les Térébratules, les Peignes, les Spatangues, les Gryphites, etc., qui n'ont pas plus été épargnées sous ce rapport que les Ammonites.

L'apparence de test que certaines espèces d'Ammonites présentent à l'œil de l'observateur, n'est qu'une vitrification pyriteuse et irisée, qu'une substitution du sulfure de fer au calcaire de la coquille.

2° Le terrain dans lequel la coquille semble s'être conservée dans son intégrité de nature et de structure, c'est celui dont il est impossible de l'isoler. Il n'est pas rare d'en rencontrer, dans les carbonates calcaires compactes et dans les marbres, des échantillons que le sciage et le polissage semblent avoir coupées par la moitié, parallèlement à l'axe du siphon, comme aurait désiré le faire l'observateur, dans le but de mettre à découvert la configuration interne de ces coquilles si compliquées dans leur structure; là, le test de l'Ammonite semble s'être conservé dans toute sa blancheur; il tranche sur la pâte colorée qui l'enveloppe à l'extérieur, et il a fini par remplir son siphon et ses concamérations de la terre du gisement.

La figure 2 de la planche VII représente l'Ammonite en cet état, tel que nous l'avons souvent observé sur des plaques de marbre dit *Sainte-Anne*, et autres espèces qui décorent les commodes, secrétaires et cheminées des appartements (1). On voit par cette sorte de sections médianes et parallèles au plat de la coquille, qu'ainsi que, chez le Nautile vivant dans les mers australes, l'Ammonite est divisée en chambres ou concamérations (*b, c, d*) traversées par un canal (*a*) qui ne communique pas avec elles, et qui a reçu le nom de siphon. Ce siphon est central chez les Nautiles et dorsal chez les Ammonites.

3° Quoique traversées par le siphon (*a*), ces concamérations qui partagent la spirale de la coquille en compartiments d'une capacité de plus en plus grande à partir de la concamération originelle, ces concamérations, dis-je, n'ont aucune communication entre elles. Le siphon seul est continu; il ne cessait d'établir une communication vitale entre le point embryonnaire de la coquille et le corps du Céphalopode. C'était, pour ainsi dire, le nerf rachidien qui communiquait la vie et le mouvement à toute la coquille, système osseux de ces sortes d'êtres vivants; or, tout système osseux, si compacte qu'il soit, a une vie, une circulation qui lui est propre, qui en entretient l'organisation et préserve sa structure du genre de désorganisation qui serait sa mort ou sa caducité.

L'épaisseur des parois de ces concamérations augmentait à chaque nouvelle formation.

4° Ces cavités ou chambres (*b, c, d*) étaient-elles vides ou susceptibles de s'emplir et de se désemplir d'un liquide quelconque; c'est ce dont on ne pourrait s'assurer que sur le Nautile vivant lui-même. Cependant je dois rappeler qu'en étudiant les Nummulites des terrains de transport crétacé des environs de Bruxelles, j'ai toujours rencontré dans leurs concamérations une espèce de cire verte, de chlorophylle susceptible d'une analyse microscopique (1); or, les Nummulites étaient des coquilles de Nautiles de la plus petite espèce.

5° Chaque concamération nouvelle, dès sa première formation, a dû sans doute tenir lieu à l'animal de vessie natatoire; celle-ci, à mesure qu'il survenait une nouvelle période de développement général, s'ossifiait ou se carbonatant, épaississait en s'incrustant de chaque exfoliation qui se détachait de la surface interne du manteau du Céphalopode, et puis s'appliquait comme par aspiration sur la surface externe de cette vessie natatoire tombée en désuétude. C'est ainsi et par ces applications successives de la surface épidermique du manteau, que se forment et s'accroissent les bivalves; chaque exfoliation ainsi adhérente ayant la propriété de se nacrer en s'incrustant, pour ainsi dire, du carbonate de chaux dissous dans l'eau qu'elle aspire. Chez le plus grand nombre des mollusques univalves, l'accroissement de la coquille se fait de la même manière, mais à l'intérieur : chaque exsudation produit une irisation de plus à la nacre et une épaisseur de plus à la coquille.

6° Les rapports d'insertion et d'attache de la substance molle avec la substance concrète et ossifiée, c'est-à-dire carbonatée, ne sont pas les mêmes chez le Nautile que chez l'Ammonite. Seulement sinueux chez le Nautile, ils se compliquent chez l'Ammonite par des enfoncements dichotomisés et comme ramifiés, qui deviennent la source d'une foule de modifications illusoires par suite du travail de la fossilisation; jusqu'à l'époque de notre première publication dans *le Lycée* (1831), ces modifications étaient restées inexpliquées. Qu'on jette les yeux sur la face antérieure (*a*) des figures 6, 8 et 11, pl. II (*Amm. Emericii, Guettardi et reniformis*), on y observera, sur le pourtour interne de la dernière concamération, des orifices de cavités qui vont en augmentant de diamètre, de la région ventrale ou des deux bases de la courbe jusqu'à la région dorsale de la portion enveloppante et de sa surface libre; ce sont les orifices de tout autant de cornets ou cavités coniques qui se divisent et se subdivisent en divergeant, comme les ramifications du système nerveux, ne s'anastomosent pas plus qu'elles, et dont les derniers et les plus profonds rameaux arrivent à des dimensions extrêmement exiguës. La figure 3, pl. VII, donne une idée des dernières ramifications coniques de ces concavités, au fond desquelles s'attachaient les dernières ramifications des ligaments du Céphalopode dont la fossilisation a dévoré les parties molles et génératrices du test.

7° Si l'Ammonite avait conservé son test dans toute son intégrité, rien n'indiquerait au dehors l'existence de cette complication interne; à peine le test offrirait-il aux yeux les lignes des cloisons qui séparent les concamérations entre elles. Elle aurait l'aspect que représente en petit la figure 5 de la planche VII. On rencontre des Ammonites en cet état et à surface lisse et luisante.

8° Mais, dans le cas où la fossilisation aura entamé

(1) Sur la figure 2, pl. VII, les épaisseurs des parois sont un peu exagérées, afin de rendre la structure de la coquille plus sensible à la vue.

(1) *Nouvelles Études scientifiques et physiologiques.* 1864, p. 232.

le test de l'Ammonite, de manière que l'érosion passe par l'axe de chacune de ces ramifications latérales, cette moitié d'épaisseur du test offrira à l'œil comme un travail de broderies et un festonnement en arborisations foliacées, dont on a un spécimen des mieux caractérisés sur les échantillons que représentent les figures 6, 7, 8, 9, 11, 11' de la planche II ; c'est un travail qui semble avoir été buriné par la nature. Je crois avoir été le premier à m'occuper sérieusement de ces jolis guillochages (1) ; et au moyen de dessins minutieusement décalqués, pour ainsi dire, je me suis assuré :

Premièrement. — Que ces foliations sont symétriques à droite et à gauche de l'ouverture de la coquille, que les plus larges et les plus compliquées sont auprès du siphon dorsal, qu'elles s'amoindrissent et se simplifient de plus en plus en s'avançant vers la courbe d'adhérence des deux spires ;

Secondement. — Que chacun de ces groupes d'arborisations est d'autant plus compliqué, quoiqu'en conservant le même type, que la concamération qu'elles décorent est plus récente, en sorte que, chez les individus jeunes, chaque groupe est plus simple que son correspondant des individus plus âgés ;

Troisièmement. — Qu'en conséquence la configuration et le nombre de ces foliations ou arborisations sont un caractère spécifique qui permet de classer et déterminer les échantillons les plus frustes, et entre lesquels

(1) Il suffit de confronter la date de nos publications dans le *Lycée* avec celle de l'apparition des livres scolastiques qui reproduisent les mêmes théories, pour s'assurer de la légitimité de nos modestes prétentions.

les dégradations de la fossilisation sembleraient établir les plus grandes différences synonymiques.

9° Aussi n'avons-nous jamais manqué de dessiner ce caractère spécifique avec le plus grand soin et à un grossissement suffisant, toutes les fois que le moule de l'Ammonite en a conservé l'empreinte ; les planches VII, VIII, IX sont couvertes des résultats de ce long et difficile travail ; et nous pouvons assurer qu'il nous aurait été impossible de rendre avec plus de fidélité les accidents de ces microscopiques découpures. Chacune de ces figures ne représente que les arborisations de l'un des deux flancs de la coquille, celles du flanc opposé étant en tout point les mêmes symétriquement.

10° Nous avons nommé *lobe dorsal* (*a'*, *fig*. 8, pl. VII) celui des lobes à travers lequel passe le siphon et qui occupe la portion dorsale de la concamération que tous les autres lobes limitent comme en la festonnant. Ce lobe dorsal *a'* est simple et non foliacé, plus ou moins obtus, selon les accidents de la fossilisation qui en ont dénaturé les traces du siphon ; il est toujours plus court que les deux *lobes foliacés* E (*fig*. 4, 8, pl. VII) qu'il sépare. Il est le point de départ de la symétrie des lobes foliacés, qui diminuent de grandeur et sont égaux chacun à chacun à la même distance de ce point. Nous nommerons : 1° *selles* (B, *fig*. 4, 8, pl. VII), les interstices des *lobes foliacés* ; 2° *lobules primaires, secondaires, tertiaires*, etc., les ramifications (*a, b, ibid.*) du lobe principal, selon que ces ramifications se divisent et se subdivisent avec l'âge ; 3° *lobules intermédiaires*, ces lobes courts qui partent des *selles* et séparent les *lobes principaux* ; ces *lobules intermédiaires* semblent augmenter en nombre

en se développant et se ramifiant avec l'accroissement successif de la concamération qu'ils festonnent, ainsi qu'on peut le voir sur la figure 4 *bis* (Ammonite jeune) et la figure 4 (Ammonite beaucoup plus âgée) ; 4° *sellules* ou petites selles, les interstices des *lobules* (*a, b*).

11° L'exemple suivant servira de modèle pour mettre en pratique, dans la détermination des espèces, les principes que nous venons de poser :

Soient les deux échantillons d'*Ammonites* (*fig*. 52, pl. VI, et *fig*. 4, pl. I), dont Sowerby n'aurait pas manqué de faire deux espèces, et à plus forte raison nos oryctologues élevés à l'école de Sowerby. En confrontant ensemble les arborisations de l'une et de l'autre, on parvient à se convaincre que l'Ammonite de la figure 52 n'est que le jeune âge, avec un test mieux conservé, de l'Ammonite de la figure 4.

En effet, sur l'Ammonite de la figure 4, pl. I, on trouve les deux premiers lobes des arborisations tels que les représente la figure 4, pl. VII ; et sur l'Ammonite de la figure 52, pl. VI, les mêmes lobes, tels que les représente la figure 4 *bis* de la planche VII, différence analogue à celle que l'on observe entre la ramescence d'un jeune plant et celle d'un plus âgé, entre la nervation d'une feuille embryonnaire et celle d'une feuille développée. Cette analogie présente à l'esprit une idée de la manière dont le lobule *a* (*fig*. 4 *bis*, pl. VII) est devenu avec l'âge le lobule *a* (*fig*. 4, *ibid.*), et dont le lobule *b* de l'un est devenu le lobule *b* de l'autre ; l'arborisation de la figure 4, pl. VII, s'est pour ainsi dire brodée sur le canevas de la figure 4 *bis*, pl. VII. C'est ainsi encore qu'on pourra se faire une idée de ce développement ramifié en comparant la configuration des lobules de la figure 13, pl. VII, qui appartient à un jeune individu de l'*Amm. serpentinus* (*fig*. 13, pl. III); en la comparant, dis-je, avec la configuration des mêmes lobules, chacun à chacun, de la figure 13 *bis*, pl. VII, pris sur un individu de la même espèce, mais beaucoup plus âgé : Le lobule *a* du jeune individu est devenu le lobule *a* du plus âgé, et le lobule *b* du jeune est devenu le lobule *b* du plus âgé; ainsi de suite; simple phénomène de végétation croissante, si je puis m'exprimer ainsi, c'est-à-dire, de subdivisions successives des cornets d'adhérence ligamentaire dont ces lobes et lobules indiquent le profil ou bien la section par l'axe de chacun d'eux.

Comme le type général de chaque lobe se maintient dans l'espèce, malgré l'âge de l'individu, dès lors, si peu de traces que les accidents de la fossilisation en laissent poindre à l'extérieur du moule de l'Ammonite, il sera toujours possible d'arriver, à l'aide d'un seul lambeau d'arborisation, à la détermination spécifique de tel échantillon, que, sur de simples apparences, effets d'une simple dégradation oryctologique, on aurait été tenté d'ériger en espèce nouvelle; ce qui est arrivé si souvent à Sowerby.

Cependant, dans l'étude de ces dégradations de caractères oryctologiques, il ne faut pas établir des règles si rigoureuses qu'elles ne laissent aucune voie à la ressource analogique des modifications. La ramification, en effet, de ces attaches ligamenteuses une fois admise chez l'animal inconnu, et partant la contre-empreinte en creux qui en est restée sur le pourtour de chaque concamération de la coquille, il s'ensuit que les arbori-sations provenant de l'usure du test pourront, chez la même espèce, varier beaucoup en passant de la forme simple à la forme multiple, selon que l'usure du test aura été plus ou moins superficielle et plus ou moins profonde; d'où il résulte qu'il ne serait pas impossible que l'arborisation de la figure 4 = 27 de la planche VIII, fût un jour, à bon droit, considérée comme un état superficiel d'usure, et que la figure 9 = 44 de la même planche VIII, ou toute autre figure plus compliquée fût le fait d'une usure plus profonde. Cependant, en attendant que l'étude d'une série d'échantillons de même espèce, mais ayant subi diverses exfoliations ou usures des surfaces, permette de suivre le passage d'un dessin d'arborisations à un autre, ce caractère pourra servir à déterminer, sinon l'identité de l'espèce typique, du moins celle de l'espèce géologique, c'est-à-dire du mode de transformation que la fossilisation aura fait subir à l'espèce typique, selon qu'elle aura été enfouie par le cataclysme dans telle plutôt que dans telle couche géologique.

12° L'absence complète de ces sortes d'arborisations provient, soit de ce que le test n'a pas été entamé par l'action désorganisatrice de la fossilisation, soit de ce que les ravages de cette désorganisation ont pénétré si profondément dans les concamérations, que tout le test, y compris les empreintes en creux des ramifications des ligaments de ces Céphalopodes, ait disparu. Dans le premier de ces deux cas, l'Ammonite conservera un équivalent de son test simplement transformé en sulfure de fer comme vitrifié et irisé; dans le second cas, l'Ammonite sera fruste ou remplacée par une pâte moulée dans l'empreinte qu'aura laissée dans le milieu géologique, la coquille du Céphalopode, avant d'avoir subi les effets de la désagrégation; c'est sous la forme de pareils moules que l'*Amn. Greenoughi* (*fig*. 1, pl. I) est parvenue jusqu'à nous.

13° D'où vient que ces moules en ronde bosse, c'est-à-dire ces *Ammonites* comme fondues dans le moule en creux, se détachent si nettement de cette espèce de gangue, alors que la pâte du moule et du moulage est géologiquement identique? Cela tient à ce que les détritus du test forment une ligne de séparation entre les deux surfaces, et saupoudrent, pour ainsi dire, les parois en creux, de manière à intercepter les adhérences. Cela tient encore, en certains cas, à ce que la pâte du moulage est arrivée liquide ou molle, dans le moule en creux solidifié de plus longue date avec le restant du terrain géologique. Nos mouleurs en plâtre ne procèdent pas autrement, plâtre contre plâtre, qu'ils détachent ensuite si facilement l'un de l'autre.

14° S'il survient un affaissement du terrain géologique alors que la pâte argileuse du moule en creux et du moule en relief est encore molle, le moule en relief en sera aplati comme l'ont été ceux de la figure 5, pl. I, et de la figure 7, pl. II, quand l'affaissement se produit perpendiculairement aux faces de l'Ammonite; ou bien il sera refoulé à droite ou à gauche, si l'affaissement se produit selon une ligne oblique dans l'un ou dans l'autre sens, ainsi qu'on le voit sur les figures 12, pl. II; 16, 17 et 19, pl. III; 22 et 28, pl. IV; 35 et 36, pl. V.

15° Supposons maintenant que l'action désorganisatrice de la fossilisation ait dévoré tout le test, moins les cloisons transversales des concamérations (*b, c, d, fig*. 2, pl. VII), en sorte que la pâte géologique ait pu s'introduire entre ces cloisons et en remplir les intervalles, c'est-à-dire se mouler dans la capacité de chaque concamération ; et que dans un second espace de temps et après que la pâte ainsi introduite et moulée dans chaque cavité aura acquis une certaine consistance, la désorganisation s'attaque en dernier lieu aux cloisons transversales elles-mêmes, il s'ensuivra que tous ces moules partiels des concamérations à la suite les uns des autres, joueront les uns dans les autres, comme le font presque les osselets de la queue du *serpent à sonnettes*, ou bien comme une série de vertèbres engrenées les unes dans les autres ; et c'est de ce dernier point de vue qu'est venue à un pareil accident oryctographique la dénomination de *Spondylolithes*, que Scheuchzer a imposée aux *Ammonites* désarticulées de cette façon. La figure 4, pl. VII, offre la forme la **plus** simple de ces Spondylolithes (*b, c, d*), quant au Nautile. Les *Spondylolithes* des *Ammonites* sont engrenées d'une manière plus compliquée, à cause des sinuosités des cloisons et des arborisations ligamentaires dont elles conservent l'empreinte et les festonnements. Ces *Spondylolithes* ont constitué pendant longtemps un genre différent des *Ammonites* aux yeux des oryctologues.

En un mot, les *Spondylolithes* sont des *Nautiles* ou des *Ammonites* dont la fossilisation a dévoré le test et les cloisons des concamérations ; les Nautiles et Ammonites intègres sont des individus chez qui la fossilisation ayant dévoré les cloisons avant le test, la pâte du terrain géologique a pu pénétrer dans toute la capacité des spires pour s'y mouler ; en sorte que si le travail de désorganisation fossile est parvenu à dévorer le test, on ne retrouvera dans les fouilles que l'empreinte du moule intérieur ou extérieur, sans trace de concamérations aucunes.

16° Nous avons déjà dit (§ 3, 3°, page 18) que le siphon (*a'*, *fig*. 2, pl. VII) se continue à travers les concamérations depuis la dernière en date et la plus grande jusqu'à la première et la plus petite, qui est la concamération microscopique et embryonnaire ; en outre, que ce siphon était dorsal chez les *Ammonites*, c'est-à-dire longeant le bord qui, d'après quelques oryctologues, serait le dos de la coquille ; et qu'il est central chez les *Nautiles*.

Si la fossilisation qui ronge les parois externes des concamérations respecte ce siphon dorsal des Ammonites, l'échantillon fossile sera muni d'une crête saillante (*fig*. 13, pl. III) qui manquera totalement sur un autre échantillon de la même espèce que le travail de la fossilisation aura plus profondément altéré, ou qui y sera remplacé par une rainure en creux (*fig*. 32, pl. V), empreinte inférieure de ce cylindre dont la crête était l'empreinte supérieure. Dans ces trois états accidentels d'une même espèce, les descripteurs ont vu, toutes choses égales d'ailleurs, trois espèces différentes.

Chez les *Nautiles*, le siphon étant central et se confondant avec l'axe du chapelet des concamérations, donne lieu à des illusions d'un autre genre ; si l'usure des faces vient à le mettre à découvert, le nombre des concamérations semble se doubler et se quadrupler même, comme on l'observe sur les *Nummulites*. Quand on étudie les *Nummulites* dans le terrain même où elles se sont entassées comme par milliards, on y trouve de quoi faire au moins trois genres et dix espèces, si elles venaient se ranger dans une collection sans trace du pays d'origine ; et les classificateurs n'ont pas manqué, selon leur habitude, de tomber dans ce piège : la coquille minime de ce Céphalopode est devenue, selon l'aspect, l'usure et la petitesse, tantôt le type d'une espèce de *Nautile*, tantôt celui du genre *Nummulite*, et tantôt celui d'un autre genre : le *Lenticulite*.

Ainsi, pour en revenir à notre sujet, le test cache-t-il le siphon de l'Ammonite ? Espèce à part. L'usure du test a-t-elle respecté le siphon ? Autre espèce. A-t-elle laissé subsister le creux du siphon, en enlevant le relief ? Autre espèce. L'a-t-elle fait disparaître en entier ? Quatrième espèce. Et quand le classificateur de cabinet survient dans ce triage de figures gravées, s'il lui prend fantaisie de classer les échantillons par l'absence et la forme du siphon, ces quatre espèces peuvent devenir les types de tout autant, sinon de familles, du moins de genres.

17° Nouveau double emploi spécifique, qui a fort décontenancé les classificateurs, à l'apparition de la première édition (1842) du présent ouvrage ! Qui se serait douté, avant cette époque, que l'*Ammonites annulatus* (*fig*. 37, pl. V) dût se confondre spécifiquement et comme partie intégrante avec l'*Amm. benettianus* (*fig*. 29, pl. V) ? Et pourtant cette assertion n'est plus une induction théorique, mais la constatation d'une identité prise sur le fait. L'échantillon d'*Ammonite* que mon fils Benjamin a gravé en 1842 (*fig*. 50, pl. XVII de la première édition de cet ouvrage), et que la deuxième édition reproduit sur la planche IX, en est la démonstration immédiate ; on y voit, avec un certain étonnement, avant d'en être prévenu, côte par côte les reliefs de l'un s'appliquant exactement dans les creux de l'autre, et l'*Amm. annulatus* enchâssé dans le centre de l'*Amm. benettianus*. La figure est dessinée de grandeur naturelle ; la portion de cet échantillon de l'*Amm. benettianus*, qui a été enlevée pour mettre à découvert l'*Amm. annulatus*, s'adapte exactement à la partie fruste et recouvre alors complétement l'*annulatus* et tout le vide, comme un couvercle recouvre une boîte et une tabatière ; on n'en revenait pas, lorsqu'enlevant ce couvercle, nous en montrions l'intérieur aux collectionneurs ; ils avaient peine à en croire leurs yeux (1) ; et, chose étrange, on s'assure que l'*Amm. annulatus* s'est fossilisé en sulfure de fer ; tandis que l'*Amm. benettianus* qui l'enveloppe s'est fossilisé en calcaire jurassique. Il existait donc, dans la spire interne et enveloppée, une tendance à la fossilisation, à la transformation du test, d'une nature physiologique toute différente de celle dont était, pour ainsi dire, animée la spire externe et enveloppante.

Ces deux spires n'appartiennent donc pas à la même catégorie d'organes susceptibles de s'ossifier dans l'animal vivant et de se fossiliser après sa mort ; cherchons à en évaluer les rapports réciproques.

18° La coquille, c'est-à-dire la charpente calcaire du Céphalopode inconnu dont l'*Ammonite* est l'unique reste fossile, cette coquille n'est pas le produit du même organe que celle des univalves. Elle ne formait pas le réceptacle, mais seulement un appendice de l'animal ; elle ne s'accroissait pas par l'application immédiate, et couches par couches, de l'exfoliation comme épidermique de l'organe postérieur du corps de l'animal dont elle aurait été le moule interne, et par les exfoliations de la surface interne du manteau, qui, comme chez tant d'autres coquilles univalves, en s'y appliquant avec la même intimité d'adhérence, badigeonne, pour ainsi dire, l'extérieur de la coquille avec de la nacre et des couleurs souvent distribuées dans une admirable régularité.

19° Si, comme nous l'avons dit plus haut, chaque concamération de la coquille de l'*Ammonite* n'est que l'ossification d'une vessie natatoire en quelque sorte dernière en date et qui, ayant fait son temps, cède la place à un organe de cette nature de fonction et de conformation, mais de création nouvelle, également appliqué par sa surface interne contre la surface externe du tour de spire contigu, sa structure intime, que vient de nous révéler notre échantillon d'*Amm. benettianus* (fig. 59, pl. IX), doit nous faire admettre cette loi, à savoir : que les accidents de surface, susceptibles d'être mis à découvert par la fossilisation, représentent, les plus intimes, la structure anatomique de cette vessie natatoire, telle que l'a surprise et comme moulée le travail de l'ossification ; et les accidents extérieurs, le badigeonnage que les exsudations ou exfoliations du manteau ont appliqué, couche par couche, sur la surface de cet organe ossifié. Primitivement donc, cette vessie natatoire a dû être plissée comme un organe musculaire susceptible de contraction et de dilatation, sur la surface duquel, une fois qu'il s'est ossifié de vétusté, la surface recouvrante du manteau a modelé progressivement soit un test lisse et non accidenté, soit des côtes et des mamelons plus ou moins saillants et plus ou moins aigus.

Lorsque l'action désorganisatrice du travail souterrain de la fossilisation sera venue ensuite dévorer la portion de la coquille qui séparait le moule interne du moule externe, il s'ensuivra qu'on pourra, par leur isolement réciproque, obtenir, de la dépouille d'un même animal, deux coquilles qui sembleront appartenir à deux espèces et même à deux genres systématiques, l'une à spires plissées et sans aucune trace de siphon et d'arborisations ; et l'autre à surfaces lisses ou tuberculées et accidentées d'une tout autre manière, et munie souvent d'un siphon entier ou de ses traces.

20° Autre source intarissable de créations imaginaires en fait d'espèces et même de genres : la loi physiologique qui porte les chapelets de concamérations à s'enrouler en spires n'est pas tellement rigoureuse et immuable qu'elle ne rencontre des circonstances qui forment obstacle à sa réalisation. Les exemples de ces déviations de la direction spiralaire chez nos univalves contemporaines, soit marines, soit fluviatiles et terrestres, ne sont pas rares dans les collections et dans les catalogues de musées.

D'Argenville (1) a figuré un *Helix aspersa* Lamk., ou

(1) J'en possède, de la même localité, trois ou quatre échantillons qui reproduisent le même accident, mais d'une manière moins tranchée ; ils m'avaient été envoyés du Mont-Ventoux (Vaucluse), par Eug. Raspail.

(1) *Conchyliologie*, édition de 1757, 2e partie, ou Zoomorphose, p. 81, pl. IX, fig. 8. « Le limaçon du chiffre 8, dit d'Argenville, est des plus singuliers dans ses quatre contours très-distincts les uns des

bien une *Paludina vivipara* Lamk. dont les tours de spires sont débandés et non contigus, figure que les deux Favane ont reproduite (1).

Ignace Born (2) a figuré un *Helix nemoralis* dont les tours de spires sont espacés en forme d'une corne d'abondance, déviation du type primitif qu'il a érigée en genre sous le nom de *Cornucopia*.

Chemnitz (3) a également représenté un HELIX *cornucopia* (fig. 2092, 2093), et une même déviation de la coquille chez son *Turbo delphinus* (fig. 2090, 2091).

Enfin, Bowdich (4) a reproduit de semblables anomalies et surtout celle de l'*Helix aspersa*.

Ainsi voilà, parmi nos coquilles vivantes, des déviations dont on pourrait faire tout autant de genres, et qui ne proviennent que d'un obstacle qui s'est opposé au développement de la coquille dans le sens spiralé. Supposez, en effet, que, dès le premier ou second tour de spire, la coquille engagée dans un obstacle refuse de suivre le mollusque dans ses aspirations vers les couches supérieures de l'eau et dans sa tendance à se porter vers le zénith, vers l'air et la lumière; le mol-

outres. On le trouve, mais rarement, à la Rochelle. » D'Argenville parle de la présence d'un opercule chez l'espèce qu'il a figurée, circonstance qui classerait ce limaçon dans les Paludines; mais la figure qu'il en donne ne porte pas la trace de cet organe appendiculaire.

Séba, avant d'Argenville, avait fait dessiner une déviation de ce genre dans son *Thesaurus rarum naturalium*.

(1) Atlas de la zoomorphose, pl. IX, fig. 50.

(2) *Testacea Musai Cæsarei Vindobonensis*, 1780. Cette figure sert de cul-de-lampe à la fin de la page 801.

(3) *Neues Systematisches Conchilien Cabinet*, 1781.

(4) *Elements of Conchol.* Paris, 1822. Part. 1, pl. V, en double, fig. 51; pl. VII, fig. 12 et 13.

lusque continuera son travail d'ossification progressive, dans un sens aussi rapproché de la verticale que le permettra la spiralité de son organisation primitive; et les tours de spire de sa coquille seront plus ou moins distants.

21° Les *Ammonites* et *Nautiles* n'ont pas toujours été soustraits à ces sortes d'accidents ; mais l'analogie qui l'indiquait suffisamment semble avoir échappé à tous nos modernes classificateurs, qui n'ont pas manqué de voir, dans chaque phase de ces anomalies, l'occasion de créer une dénomination générique. Lorsque l'Ammonite, surprise dans un obstacle dès sa première concamération, a continué la série de ses transformations vésico-calcaires dans le sens vertical et linéaire, elle est devenue le type du genre *Rhabdites* ou *Baculites* (*Rhabdites*, du grec ῥαβδὶς, οῦ, verge ou bâton, et *Baculites*, du latin *baculus*, bâton droit). On voit un petit échantillon de ce genre à la figure 54 de la planche VI du présent ouvrage.

Lorsque ce développement vertical n'est arrivé qu'après la formation normale d'un certain nombre de tours de spire, l'*Ammonite* ou le *Nautile* est devenu le type du genre *Lituites*, c'est-à-dire ayant la forme du bâton pastoral (*lituus*) des souverains pontifes de Jupiter, que les évêques chrétiens adoptèrent ensuite pour ne pas trop dépayser les néophytes et leur laisser croire qu'en changeant de croyance ils ne changeraient pas de rite extérieur et de manière d'honorer Dieu.

22° Que si cette direction verticale n'est survenue qu'après que l'animal a eu vainement lutté par une courbe contre l'obstacle qui s'opposait à la spiralité du ses contours, le classificateur en a fait le genre *Hamites*, du latin *hamus* (hameçon).

Mais lorsque l'obstacle n'a été que de courte durée, qu'il n'a occasionné qu'une brève interruption entre les premiers tours de spires et les tours subséquents, et qu'il s'est établi une certaine symétrie entre les deux spiralités interrompues, le classificateur en a fait le genre *Scaphites* (du latin *scapha*, nacelle).

23° Or, supposons un échantillon de *Lituites*, tel que Knorr en a représenté de ce genre dans son supplément (pl. IV, pl. IV c, fig. 1, et pl. IX, fig. 7), où l'on voit l'*Ammonite* normale s'échapper en une hampe verticale; si les accidents oryctologiques viennent à casser cet échantillon en trois morceaux, de manière que l'Ammonite normale s'isole de la portion en ligne courbe, et celle-ci de la portion tout à fait droite, la même individualité nous aura fourni le type de quatre genres : *Ammonites, Lituolites, Hamites* et *Baculites*.

J'ai par devers moi un superbe échantillon marneux et aplati par la compression, appartenant systématiquement au genre *Lituites*, et qui, d'après les règles que nous posons ici, n'était autre que le moule comprimé de notre *Amm. annulatus* (pl. V, fig. 37) dévié de sa direction normale après quelques tours de spires. Cet échantillon était resté complet avec sa coquille normale au bout, enchâssé dans un feuillet de marne compacte grise. Si l'on avait divisé cet échantillon juste au point où la portion droite et déviée tenait à la coquille, et qu'on l'eût présenté ainsi divisé à un géologue de la race des néologues, celui-ci n'aurait pas manqué de placer notre *Lituite* par un bout dans les

Ammonites, et par l'autre dans le genre *Rhabdites* et *Baculites*, la portion enroulée ou la crosse formant un genre, la hampe droite un autre, et la portion qui forme le passage courbe de la crosse à la hampe en constituant un troisième; et l'histoire naturelle n'est pas autrement écrite depuis longtemps.

Et ce n'est pas faute d'avertissement que Lamarck, qui lui pourtant était philosophe et libre penseur, est tombé dans ce travers des créations nominales : « Quoique la plus grande partie des Ammonites, écrivait, au commencement de ce siècle, Faujas Saint-Fond (1), soient discoïdes ou rondes, nous en connaissons cependant quelques-unes d'oblongues; et celles-ci offrent divers degrés de prolongement, sans que néanmoins leurs tours de spire soient disjoints; mais la belle et singulière Corne d'Ammon turbinée de la montagne de Sainte-Catherine, près de Rouen, qui se déroule et s'allonge en spirale, comme un buccin, semble résoudre le problème; et je ne vois pas pourquoi, une fois que la nature a permis à cette coquille de prendre cette forme, d'autres espèces rapprochées de celle-ci n'arriveraient pas jusqu'à la ligne droite. Je présume, ajoute-t-il, que Lamarck a posé toutes ces considérations, qui ne lui auront pas paru assez fortes pour l'engager à laisser dans les Cornes d'Ammon, non-seulement celle qui fait l'objet de cette notice dont il a fait un genre particulier sous le nom de *Baculites*, en citant l'Ammonite droite de Maestricht, que je lui avais communiquée, mais encore, etc. »

(1) *Histoire naturelle de la montagne de Saint-Pierre de Maestricht*, in-4°, an VII de la République, p. 140.

Quand le libre penseur Lamarck est tombé dans ce travers, les infiniment petits législateurs du monopole de l'enseignement ne pouvaient pas manquer de glaner à sa suite et d'exploiter un aussi facile moyen d'accoler leur nom à des noms et d'encombrer la nomenclature de dénominations dont cinquante ans de bonnes observations ne parviendront pas à déblayer les études universitaires.

24° Dorénavant, à l'aide des indications que nous avons données précédemment, et de l'étude comparative de la forme des arborisations, on pourra s'orienter pour replacer, dans l'espèce qui leur est propre, tous ces tronçons de la même déviation du type principal.

Une fois qu'on aura admis que l'*Ammonite* était dans le cas de changer de direction, on comprendra de même comment, en s'enroulant obliquement, elle aurait pu prendre la forme conique d'un *Trochus*, au lieu de prendre la forme aplatie d'un *Planorbe*; et dès ce moment notre Ammonite aurait été une *Turrite*, c'est-à-dire un *Trochus* concaméré.

25° Je termine ce paragraphe en faisant remarquer que ma nombreuse collection d'*Ammonites* des Alpes et des Cévennes ne m'a pas offert, soit sur les échantillons marneux, soit sur les pyriteux, la moindre trace de ces curieux parasites dont j'ai fait connaître pour la première fois la structure sous le nom de *Spirozoïtes* (1), et dont la plupart des Bélemnites semblent avoir été dévorées. Les Bélemnites étaient des appendices cutanés de substance cornée, dont ces Spirozoïtes semblent

(1) *Annales des sciences d'observation*, 1829, t. I, p. 299.

avoir été très-friands, tandis que le test de l'Ammonite n'a jamais été qu'une concrétion calcaire, substance dont le parasitisme vermineux ne s'accommode pas du tout (1).

§ 4. — Évaluation physiologique ou résumé des caractères spécifiques des Ammonites.

26° Comme nous avons dans le type des arborisations qui festonnent en général le test des Ammonites altérées par la fossilisation, un fil pour nous diriger dans la détermination du type spécifique, nous nous sommes servi dès le principe de ce moyen pour évaluer les autres caractères différentiels que ces fossiles sont dans le cas d'emprunter aux accidents de la fossilisation. Une Ammonite arborisée peut être de la même espèce typique qu'une Ammonite qui n'offre aucune trace de ces festonnements; chez l'une, le test a été

(1) Schœuchzer a figuré, je crois, des traces aplaties de ces Spirozoïtes qu'il prend pour des taches en cerceaux, sur des Térébratules fig. 32 et 33, sur une Gryphée fig. 77 (*Specim. lithogr. Helvet. curios.*, in-8°, 1702, p. 25).

Bourguet a calqué les figures 32 de Schœuchzer (*Hist. nat. des pétrifications*, fig. 98 et 104).

Lamarck semble avoir eu aussi devant les yeux les Spirozoïtes, en décrivant les taches de sa *Gryphæa silicea* (*Anim. sans vertébr.*, t. VI, p. 200), ces parasites ayant eu la propriété de fossiliser en silice leurs tissus et ceux de la dépouille qu'ils étaient en train de dévorer; ce qui est un des caractères les plus saillants de leur présence. Enfin j'ajouterai à tout ce que j'ai dit ailleurs sur ce sujet, que les Spirozoïtes ont les plus grands rapports d'organisation avec l'helminthe découvert par Redi dans l'intestin *cœcum* du poisson que les pêcheurs de la Ligurie désignent sous le nom de *Nocivolo*, et qui n'est autre que l'*Asellus* ou *Gadus merlucius* (*Osservazioni agli animali viventi che si trovano negli animali viventi*, 1684, pl. 21, fig. 1, 2, 3).

rongé par l'action dévorante de la fossilisation ; chez l'autre, il n'a été que transformé par une substitution de substance.

L'échantillon de la *fig.* 2, pl. I, avant notre travail, aurait constitué, aux yeux des géologues, une espèce distincte de celui que représente la *fig.* 8, pl. II ; mais, par la conformité des arborisations (*fig.* 2 et 8, pl. VII) et la trace des sillons transversaux qui se gravent assez profondément sur le test de l'une et de l'autre figuré, il est évident que ces deux échantillons ont appartenu à la même espèce vivante (*Ammonites Guettardi*, Nob.) ; l'échantillon de la *fig.* 2, pl. I, ayant sauvé son test sur la majeure partie de sa surface, et l'échantillon de la *fig.* 8, pl. II, en ayant été dépouillé par la fossilisation. On n'a qu'à comparer avec les arborisations de la *fig.* 8, pl. VII, le fragment d'arborisation de la *fig.* 2, *ibid.*

Même observation à l'égard de l'individu de la *fig.* 52, pl. VI, par rapport à l'individu de la *fig.* 4 de la pl. I, qui ne sont l'un et l'autre que des restes de l'*Ammonites Prosti*, Nob.), ainsi que le démontre la conformité des arborisations (*fig.* 4 *bis*, pl. VII), prises sur l'individu de la *fig.* 52, pl. VI, et des arborisations (*fig.* 4, pl. VII), prises sur l'individu de la *fig.* 4, pl. I. Avant notre travail, ces deux échantillons, dont l'un est l'empreinte du jeune âge de l'autre, auraient constitué aux yeux du géologue deux espèces distinctes et dignes d'être désignées sous deux noms différents.

27° L'action corrodante et progressive de la fossilisation ayant dévoré le test, la pâte de la stratification géologique a pu, dès le même instant, faire irruption dans la capacité qu'occupait la coquille et en prendre le moule interne. Dès ce moment, il existera deux empreintes du même individu, l'une appartenant à la paroi intérieure et l'autre à la paroi extérieure du test, deux empreintes qui pourront bien ne pas offrir plus de ressemblance et de points de rapprochement entre elles, que n'en offriraient entre eux les moules interne et externe de certains *Trochus, Murex, Strombus*, etc.

28° Il pourra se faire encore que l'Ammonite n'ait été dévorée par la fossilisation qu'après que la couche géologique, qui en a pris l'empreinte, se sera assez durcie en forme de moule moulant. Si dans ce cas une portion encore molle ou liquide de la même couche vient à faire irruption dans la cavité de ce moule, le moule moulé conservera, en se solidifiant et durcissant à son tour, la forme extérieure de l'espèce qui aura donné lieu à cette substitution.

29° Mais dans l'œuvre souterraine de ce moulage, bien des accidents de surface qui caractérisaient le test seront dans le cas de s'effacer et de disparaître, de faire saillie ou de rentrer en dedans par la compression, tout autant de circonstances fortuites capables de prêter à un individu de la même espèce typique, des caractères différentiels susceptibles d'un nouveau nom.

30° La fossilisation n'a pas toujours dû procéder en respectant ainsi la forme générale, la symétrie des détails et les accidents de surface d'un individu de ce genre. Le test une fois corrodé et n'opposant plus sa force de voûte et d'arc-boutant au poids de la couche géologique qui l'enveloppe et le presse de toutes parts, celle-ci, encore molle et non tout à fait assise, aura pu céder à son propre poids et presser sur le moule argileux et plastique de l'*Ammonite*, ce qui sera capable de le contourner, de le faire obliquer, de le fouler et le refouler, de l'aplatir, l'allonger ou l'étendre dans un sens ou dans un autre, selon que le mouvement imprimé par la compression sera longitudinal, transversal, oblique ou circulaire. Ce dernier mouvement, qui est celui de la roue à potier, conservera à l'*Ammonite* la régularité de ses contours, mais en le creusant par un de ses flancs en entonnoir, et en déformant et transformant les accidents de sa surface de manière à simuler un détail normal et spécifique d'organisation typale.

31° Mais comme la couche géologique a agi avec la même puissance, dans toute l'étendue qu'elle occupait en se formant, il s'ensuit que l'on rencontrera les mêmes accidents de fossilisation sur tous les échantillons de la même espèce que ce gisement renferme et qui se trouvaient préparés de la même manière à ce genre de réaction géologique ; en sorte que, si d'un côté ces accidents ne sont pas des caractères de l'espèce vivante, de l'autre ils ne laissent pas que d'être des caractères de fossilisation, et que, jusqu'à un certain point de vue, ces échantillons pourront être désignés comme *espèces oryctologiques*, comme caractères du gisement géologique, quoique originellement et au fond, elles ne soient que des transformations ou déformations de la même *espèce typique* antédiluvienne.

32° Dans les terrains sulfureux, le moule de l'*Ammonite* a toujours conservé, en devenant pyriteux, ses proportions primitives et quelquefois même son test plus ou moins vitrifié. Il offre souvent alors des traces des effets de la température souterraine à laquelle ce gisement a dû être soumis, à la suite de la combustion intestine des grandes forêts que le cataclysme a enfouies sous ces stratifications. L'Ammonite dans ce cas adhère par son dernier tour de spire à une espèce d'écume solidifiée, à un boursouflement fossilisé de la substance du céphalopode, ce qui a fait éclater le test sur toute la partie adhérente, ainsi qu'on le voit sur la *fig.* 21, pl. IV, qui représente un échantillon pyriteux de l'*Ammonites tripartitus*, Nob.

Chez les échantillons marneux, le test et les concaémérations ont disparu complétement; la pâte n'a trouvé alors qu'un grand vide, dans lequel elle s'est moulée d'un bloc et sans aucune division.

§ 5. — Exposé de notre classification.

1° Ces principes de détermination spécifique n'étaient venus à l'esprit d'aucun oryctologue avant nos premières publications de 1831, parce que : 1° l'étude des *Bélemnites* et des *Ammonites* n'avait été dévolue jusqu'alors qu'à des classificateurs qui n'avaient à leur disposition que les collections d'autrui et les figures éparses dans les divers auteurs de conchyliologie moderne ou fossile ; 2° que cette partie de la science était alors celle dans laquelle la physiologie, cette logique du règne organisé, avait le moins porté son flambeau. De là vient qu'il a suffi du moindre petit accident de surface sur un tronçon incomplet, pour tenir lieu d'un caractère, et motiver la création d'une nouvelle entité spécifique.

2° Pour les hommes qui aiment à rendre hommage aux efforts progressifs de l'esprit humain, et qui savent maintenant, à l'aide de quelles circonstances fortuites, la fossilisation a pu faire passer, de l'une dans l'autre de ces divisions, les restes de la même individualité spécifique, il est affligeant de rappeler que les deux genres *ammonites* et *nautilus* aient pu donner lieu à la liste suivante de créations, de genres et même de familles : *planorbites*, *spirula*, *turrilites*, *orbulites*, *ammonocerates* Lamk ; *angulites*, *aganides*, *cantheropes*, *bisiphytes*, *oceanus*, *pelagus*, *planilites*, *simplegudes*, *ellipsolithes*, *amalthœus*, *hortolus* Monfort ; *orbulites*, *nautellipsites*, *ammonellipsites* Parkinson ; *planites*, *globulites* De Haan, etc., etc.

C'est par une étude anatomique et comparative de douze ans que je suis parvenu à démontrer l'inanité de toutes ces innovations nominales, et à réduire, pas à pas, les familles et puis les genres en espèces et les espèces en simples individualités; et à bien établir que les petits échantillons n'ont été que le jeune âge de certains plus grands, vu que les uns et les autres présentent les mêmes contours, les mêmes arborisations et surtout les mêmes proportions presque, à quelques dimensions qu'elles parviennent. Ces rapports de proportions ne sont pas sans doute d'une constance rigoureuse et d'une rigueur géométrique; car les accidents de la fossilisation doivent les rendre très-variables, quoique dans une certaine limite, et l'âge, qui modifie les formes, doit de même modifier les proportions et la raison de la progression. Cependant, en tenant compte de ces petites perturbations dans la série, il est toujours possible de retrouver, par les rapports numériques, les traces d'une complète identité spécifique entre les divers échantillons.

3° Voici comment, dès 1831, j'ai établi la formule de ces rapports proportionnels, caractéristiques de l'espèce (1) : Ayez sous les yeux la figure démonstrative 1, pl. VII : je mesure én centimètres et millimètres, d'abord la ligne diamétrale ou de longueur, qui s'étend de α en b par c et j ; puis la ligne de plus grande épaisseur, qui va de i en h par j ; la ligne de l'épaisseur moyenne qui va de g en f par e; enfin à une égale distance de a et de b, les lignes transversales *ed* et *d'd'*. En faisant la ligne *acjb* = 10, par une règle de trois, je détermine les rapports proportionnels de toutes les autres lignes. Supposons par exemple que, sur un échantillon quelconque, j'aie obtenu, par la mensuration directe, 0^m,040 pour la ligne *acjb* ; 0^m,012 pour la ligne *ac*; 0^m,013 pour la ligne *aj*; 0^m,012 pour la ligne *ed* ; 0^m,012 pour la ligne *gf*; 0^m,008 pour la ligne *ih* ; 0^m,010 pour la ligne *d'd'*. Si je fais la ligne *ab* 0^m,040 = 10; le rapport de la ligne *ac* sera $x = \frac{10 \times 12}{40} = 3$; etainsi de suite pour les autres rapports.

Si ensuite un échantillon de grandeur différente présente les mêmes rapports de nombres dans ses dimensions analogues chacune à chacune, que de plus les accidents de surface se ressemblent et que le type des arborisations soit identique, il sera évident que ces deux échantillons inégaux par leur grandeur seront identiques et appartenant à la même espèce.

(1) Cette idée est devenue classique sous un autre nom, ainsi que le prescrit la congrégation de l'*Index*.

Pour remplacer l'emploi des lettres algébriques, j'appelle la ligne *ab* le *grand diamètre*; la ligne *af* le *diamètre moyen*; il s'étend du sommet de l'ouverture à la base fictive de la même ouverture; sur certaines espèces les lignes *ac* et *ai* se confondent. J'appelle la ligne *ed* la *largeur supérieure*, celle qui coupe à angle droit la moitié de la ligne *ac*; la ligne *gf* la *largeur moyenne*, celle qui passe par l'extrémité de la ligne *ac*; la ligne *ih* la *largeur intérieure* ou *basilaire*; enfin la ligne *e'd'* la *largeur extrême* ou *inférieure*; c'est la ligne transversale qui coupe la ligne *ab* à la même distance de l'extrémité *b* que la ligne *ed* coupe la même ligne *ab* à la distance de *a*.

À la suite de chaque phrase spécifique, nous avons fait entrer ces rapports proportionnels, comme caractères distinctifs.

4° Les caractères typiques d'une espèce ayant été de la sorte déterminés, comme étant ceux qui se rapprochent de plus près de l'état normal, tel qu'on peut supposer qu'il ait été chez l'animal vivant, nous rangerons à la suite de cette espèce de tête de colonne, comme espèces géologiques ou caractéristiques du gisement, les différentes déformations et transformations que le type normal aura subies de la part des attractions souterraines qui constituent l'œuvre de la fossilisation. Les espèces que nous avons à décrire se classeront donc dans un certain nombre de groupes, où les plus grandes différences, constatées par l'observation, pourront être ramenées à la plus grande ressemblance et à l'identité, par un travail de la pensée qu'on pourrait appeler un travail de *restauration*. Pour chaque échantillon à déterminer, le problème à résoudre devra être désormais celui-ci : « Un échantillon étant donné, si déformé qu'il ait été dans l'acte de la fossilisation, le ramener au type de l'espèce normale et jadis vivante, en lui restituant tout ce dont la fossilisation l'a dépouillé. »

Ce mode de classement est un cadre où les nouvelles découvertes de ce genre peuvent prendre leur place sans le moindre dérangement dans la distribution systématique et au moyen d'une simple intercalation ; en sorte, par exemple, que, s'il survient, à la suite de fouilles nouvelles, un échantillon moins incomplet que celui qui occupe la tête de colonne, celui-ci reculera d'un cran et ne sera plus que le second de la série par ordre de dégradation.

DEUXIÈME PARTIE.

DESCRIPTION PARTICULIÈRE DES ESPÈCES FOSSILES DE LA FAMILLE DES CÉPHALOPODES CONCAMÉRÉS, RECUEILLIES DANS LES BASSES-ALPES DE PROVENCE, DE VAUCLUSE ET DES CÉVENNES.

GENRES.

1° **AMMONITE** (*Ammonites*, *Cornu Ammonis*). — Coquille fossile, composée de concamérations disposées bout à bout et dans un ordre en général spiralé, que traverse, *vers le dos*, sans communiquer avec elles, un siphon canaliculé où se logeait l'extrémité caudale de l'animal. L'animal tenait, en outre, à chaque concamération dernière en date, par des attaches musculaires ou ligamenteuses insérées dans des enfoncements pratiqués sur le pourtour de la coquille, qui se ramifiaient à chaque formation nouvelle, et cela d'autant plus que les points d'attache se trouvaient situés plus près du siphon dorsal. Lorsque le travail de la fossilisation a corrodé une certaine épaisseur du test primitif de la coquille, de manière à offrir la coupe de ces enfoncements en cornets, le profil de ces divisions et subdivisions musculaires se présente sous forme d'arborisations et comme de festonnements de broderie du plus joli effet, arborisations qui compliquent leur dessin primitif avec le progrès de l'âge en conservant leur type principal et leur symétrie. Si le travail de la fossilisation vient à corroder les cloisons des concamérations en même temps que le test, les moules internes, en s'isolant, forment des espèces d'engrenages comme vertébraux, que les premiers géologues avaient pris pour des vertèbres de serpents, ce qui avait fait donner à ces concamérations isolées le nom de *Spondylolithes*.

2° **NAUTILE** (*Nautilus*). — Diffère du genre précédent par la position centrale de son siphon, par l'absence des enfoncements ramifiés, qui festonnent le test usé des *ammonites*, et qui sont chez ces individus les empreintes des attaches musculaires du céphalopode.

ESPÈCES D'AMMONITES.

Nous avons rangé toutes les espèces qui nous sont parvenues des Alpes, de Provence et des Cévennes, en neuf groupes principaux qui représentent autant de types vivants dont les espèces fossiles ne sont que des déformations géologiques.

L'abréviation Pl, pour désigner les planches de cet ouvrage, désignera la planche sur laquelle se trouvent les figures de l'espèce, et l'abréviation pl, la planche sur laquelle se trouve la figure des arborisations de son test à demi usé. Les figures sont toutes de grandeur naturelle.

PREMIER GROUPE

1. AMMONITES GUETTARDI, Nob. (Ammonite de Guettard).

Char. *Testâ discoïdeâ, anfractibus involuto-com-*

pressis, creberrimis striis et sulcis distantibus sinuatis, dorso continuis ornatâ, dorso rotundato, aperturâ ovali.

Var. α. *Sulcato-striatus.* Pl. I et pl. VII, fig. 2 (échantillon marneux ardoisé) : ab (66 mill.) $= 10$; $ac = 3$; $aj = 5$; $ed = 3,5$; $gf = 4$; $ih = 2,7$.

Var. β. *Sulcato-lævis.* Pl. II, fig. 8 et pl. VII, fig. 8 et 8 *bis* (échantillon pyriteux) : ab (40 mill.) $= 10$; $ac = 3$; $aj = 5$; $ed = 3,5$; $gf = 4$; $ih = 2,7$.

Synonymie : Guettard (Hist. du Dauphiné), t. I, pl. X, fig. 2, pag. 253.—Baier, (*Oryctographia norica*), tab. II, fig. 1; (*Monumenta rerum petrificatarum*), tab. X, fig. 1 (gigantesque) et fig. 2. — Bourguet (pétrifications), pl. XL, fig. 267.—Sowerby (*mineral conchology*), tom. VI, pag. 136, pl. 570, fig. 4 (jeune âge).

Localités : Castellane (Basses-Alpes), Lafare (Vaucluse), Allan, près de Montélimart (Drôme). Espèce très-commune, surtout la var. β qui est pyriteuse ; j'en ai eu à ma disposition jusqu'à cent échantillons parfaitement bien conservés.

Observations. La var. α, qui appartient aux marnes du Lias, a conservé l'empreinte de son test, qui est strié finement ; la var. β en a été dépouillée, en se transformant en sulfure de fer. Mais l'identité de forme et des arborisations démontre l'identité spécifique de ces deux sortes d'échantillons.

2. Am. reniformis, Nob. (Am. en forme de rein). Pl. II, fig. 11 et 11′, et pl. VII, fig. 11.

Char. *Asulcus, non striatus, non compressus, anfractibus sensim sine sensu turgescentibus :* ab (33 mill.) $= 10$; $ac = 4,2$; $aj = 6,7$; $ed = 4,5$; $gf = 4,5$; $ih = 2,5$.

Syn. Lister (*Hist. anim. angl.* 1678), n° 213, lit. X, tab. VI, fig. 10.— Baier (*Oryct. noric.*), tab. II, fig. 4, 8,13. — *Am. reniformis.* Bruguières. — *Am. splendens,* Sow. (*mineral conchol.*), pl. CIII, t. 11?

Localités : Castellane (Basses-Alpes); Gigondas, Vaison et Famor (Vaucluse); mines d'anthracite de Coln (Lancashire).

Obs. Cette variété, très-nombreuse dans les Alpes et, d'après Lister, dans les mines profondes de charbon de terre, près Coln (Lancashire), n'est représentée que par des individus pyriteux, qui ont été dépouillés de leur test, mais sans subir aucune espèce de compression latérale. Sur certains échantillons, on retrouve la trace des sillons transversaux qui distinguent l'*am. Guettardi.* En examinant comparativement un certain nombre d'échantillons des deux espèces géologiques, on parvient à s'assurer que le dessin de leurs arborisations émane du même type (pl. VII, fig. 8 et 11); la complication des accessoires de l'espèce *reniformis* (pl. II, fig. 11) provient de ce que la surface du test a été chez elle moins profondément altérée que chez l'espèce *am. Guettardi.* Quant à la différence entre les rapports numériques et proportionnels des deux espèces, elle provient de la compression latérale qu'ont subies les deux variétés α et β de l'*am. Guettardi.*

DEUXIÈME GROUPE

1. Am. Prosti, Nob. (Ammonite de Prost). Pl. I et pl. VII, fig. 4 ; Pl. VI, fig. 52 et pl. VII, fig. 4 *bis.*

Char. *Anfractibus expositis, sensim turgescentibus, costis approximatis dorso cylindrico continuis, et quinque circiter striarum ternium ope, aliis ab aliis separatis.*

Var. α. Pl. I, fig. 4 (*senior*) : ab (50 mill.) $= 10$; ac, ed et $aj = 3,6$; ih, $gf = 2,0$; $e'd' = 2,6$.

Var. β. Pl. VI, fig. 52 (*junior*) : ab (19 mill.) $= 10$; ac, $aj = 4,2$; $ed = 4,7$; $ih = 2,1$; $e'd' = 2,6$.

Syn. Baier. (*Oryct. noric.*), tab. II, fig. 9, 10, 11.

Localités : Dans la craie chloritée de Mendes (Lozère), d'où elle nous a été adressée en 1829, par M. Prost, maître des postes de cette localité ; Gigondas (Vaucluse).

Obs. La conformité des arborisations des deux variétés ne laisse aucun doute sur l'identité spécifique des échantillons d'après lesquels ont été dessinées les figures 4 et 52, pourvu que l'on tienne compte de la complication progressive des ramifications, à mesure que l'individu se développe et grandit. La figure 1=4, pl. VIII représente les arborisations d'un individu intermédiaire entre celui de la figure 4 et celui de la figure 52. L'arborisation de la figure 4 *bis*, pl. VII, appartient à l'individu de la figure 52.

2. Am. depressus, Nob. (Am. déprimée). Pl. II, fig. 9.

Char. *Costis, præ depressione dorsali, in sulcos conversis :* ab (29 mill.) $= 10$; $ac = 3,7$; $ed = 4,4$; $ih = 2,7$; $e'd' = 3,1$.

Localité : Castellane.

Obs. L'individu pyriteux sur lequel a été prise la figure 9, pl. II, porte encore, en certains endroits, des traces de ces stries que l'on voit entre les côtes, chez certains autres échantillons. La dépression dorsale a refoulé les côtes en creux, et aplati le côté ventral de chaque tour de spire. L'identité spécifique est démontrée par la conformité des ramifications.

3. Am. Emerici, Nob. (Am. d'Émeric). Pl. II, fig. 6, et pl. VII, fig. 6.

Char. *Testâ discoïdeâ, anfractibus vix involutis, incrassatis, et sulcis dorso continuis exaratâ :* ab (52 mill.) $= 10$; $ac = 3$; $aj = 4,2$; $ed = 3,1$; $gf = 3,1$; $ih = 2,3$.

Syn. Guettard (Hist. du Dauphiné), tom. I, pl. X, fig. 1 et 3. — Bourguet (pétrifications), pl. XIV, fig. 286, empruntée à Langius.

Localité : Castellane (Basses-Alpes), d'où elle nous a été adressée en 1829 par M. Émeric.

Obs. Sur cet échantillon, qui est pyriteux, la compression s'est opérée par un mouvement circulaire, dont le centre était identifié avec celui de la coquille, ce qui a fait que les côtes, en se refoulant en sillons, ont été fléchies en avant sur la portion dorsale. Les arborisations, pl. VII, fig. 6, en sont identiques, quant au canevas, avec celles de l'*Am. Prosti*, pl. VII, fig. 4 et 4 *bis*.

4. **Am. Greenoughi**, Sow. (Am. de Greenough). Pl. I, fig. 1 (échantillon marneux de couleur gris clair).

Char. *Lateraliter compressus, ideò costis minus sinuatis, et dorso arctiori :* ab (80 mill.) $= 10$; $ac = 3,6$; $aj = 4,6$; $gf = 3$; $ed = 2,5$; $ih = 2,2$.

Syn. *Am. Greenoughi*, Sow. (*Min. conchol.*), t. II, pag. 71, pl. 132.

Localité : Cheiron, près de Castellane (Basses-Alpes).

Obs. Cet échantillon, d'une marne grise et compacte, est évidemment le résultat d'une compression exercée par l'affaissement de la couche géologique sur le moule argileux, mais par les flancs de la coquille, puis en rayonnant du centre à la circonférence ; toutes les différences dans les proportions sont dues à cette circonstance. Les arborisations dont on observe des traces suffisantes sur notre individu, sont celles de l'*Am. Prosti*, pl. VII, fig. 4 et 4 *bis*.

5. **Am. cassida**, Nob. (Am. en casque). Pl. I, fig. 3 (échantillon marneux gris).

Char. *Testâ discoïdeâ ; costis, præ compressione circulariter laterali, apprimè formam arcûs referentibus ; et dorso, ejusdem causæ gratiâ, arctissimo :* ab (58 mill.) $= 10$; $ac = 3,6$; $aj = 4,6$; $ed = 1,7$; $gf = 1,8$; $ih = 2,1$.

Localité : Même localité que le précédent.

Obs. Ce moule a supporté une compression par les flancs plus forte que le précédent, et par un mouvement circulaire ; ce qui a fait que les côtes ont été fléchies en avant sur la ligne médiane des flancs ; on y rencontre des traces d'arborisations qui ne démentent en rien la similitude de la forme générale.

TROISIÈME GROUPE

1. **Am. Eugenii**, Nob. (Am. d'Eugène). Pl. IX, fig. 59.

Char. *Anfractibus cylindroquadratis expositis, costis ancipitibus ; externis quadri-tuberculatis obtusis ; internis acutis bifurcatis dorso continuis :* ab (90 mill.) $= 10$; ac, $aj = 2,7$; ed, $gf = 3,3$; $e'd' = 2,2$.

Syn. Lister (*Hist. anim. angl. tres tractatus*), tab. VI, fig. 5, 34. — Baier (*Oryct. noric.*), tab. II, fig. 14, et tab. III, fig. 4, 5 (fragments d'un moule marneux) ; (*Monumenta rerum petrificatarum*), tab. XII, fig. 7 ; tab. XIII et tab. III, fig. 4, 5 (échantillon aplati). — Bourguet (pétrifications), pl. XLI, fig. 270 (copiée sur Langius) ; *ibid.* fig. 271 ; pl. XLII, fig. 276 ; pl. XLIV, fig. 281 (copiée sur Langius), et fig. 282 et 283 (copiées sur Scheuchzer). — Schlotheim (*Beschreibung merkwürdigster etc*, pl. IX, fig. 1. — Sowerby (*Miner. Conchol.*), am. armatus, tom. I, pag. 215, pl. 95; am. vertebralis, tom. II, pag. 147, pl. 165 ; am. obtusus, tom. II, pag. 151, pl. 167 (échantillons marneux ochracés très-grands); am. rostratus, t. II, pag. 163, pl. 163 ; am. rusticus, tom. II, pag. 171, pl. 171 ; am. Banksii, tom. II, pag. 229, pl. 200 (moule marneux bien menu) ; am. Sowerbii, tom. III, pag. 23, pl. 213 ; am. Kœnighii, tom. III, pag. 113, pl. 263, fig. 1-3 ; am. Brownii, tom. III, pag. 114, pl. 263, fig. 4, 5 ; am. Birchi, tom. III, pag. 121, pl. 267 ; am. perarmatus, tom. IV, pag. 72, pl. 352 ; am. tuberculatus et proboscideus, tom. IV, pag. 4, pl. 310 ; am. peramplus, tom. IV, pag. 79, pl. 357 (moule effacé) ; am. Smithii, tom. IV, pag. 146, pl. 406 ; am. subarmatus, pag. 146, pl. 407 ; am. catena, tom. V, pag. 24, pl. 420 (marne rougeâtre, individu réduit à des spondylolithes) ; am. Johnstonii, tom. V, pag. 70, pl. 449, fig. 1 ; am. planorbis, tom. V, pag. 69, pl. 448 (revêtu de son test irisé) ; am. longispinus, tom. V, pag. 164, pl. 501 (avec son test irisé) ; am. denarius et spinosus, tom. VI, pag. 78, pl. 540, fig. 1 et 2 (moules marneux, fig. 1, et ferrugineux, fig. 2) ; am. Woollgari, tom. VI, pag. 165, pl. 587, fig. 1 (moule marneux et brisé).

Localité : Lafare, au pied du mont Ventoux (Vaucluse), d'où ce précieux échantillon nous a été envoyé en 1836, avec quatre ou cinq autres moins bien caractérisés, par Eugène Raspail.

Obs. La luxuriante synonymie que nous avons eu la patience de dépouiller sur les auteurs antérieurs à l'époque de notre publication, prouve évidemment combien on manquait de données à cette époque pour se guider dans l'étude des *Ammonites*. La classification des fossiles est un labyrinthe inextricable, dès qu'on y avance sans se laisser guider par le fil des analogies anatomiques.

La figure 59, pl. IX, représente notre échantillon séparé de la portion qui semble lui servir de couvercle pour cacher l'échantillon de l'*Am. annulatus* qui a l'air d'en être le noyau. Cette espèce fortement caractérisée (*am. benettianus*, Sow.), recèle dans son sein une autre forme spécifique d'un caractère distinctif aussi prononcé; circonstance piquante et qui prouve de nouveau que les diverses portions ou tissus du même individu ont été animés, dans l'acte de la fossilisation, d'une tendance différente l'une de l'autre à s'incruster et à se transformer. La portion extérieure de notre échantillon, celle qui a pris chez les auteurs le nom spécifique d'*am. benettianus*, s'est transformée en marne calcaire; et la portion interne, celle que les auteurs ont désignée sous le nom d'*am. annulatus* quand ils l'ont rencontrée isolément, s'est fossilisée en pyrite.

Les traces d'arborisations que porte notre échantillon rappellent, avec une complication due au progrès du développement, celles des figures 29 et 30, Pl. V, que reproduit la pl. VIII, fig. VI = 29.

N. B. Les déformations géologiques que nous allons énumérer sont, les unes les déformations de l'empreinte externe, et les autres celles de l'empreinte interne du test de cette belle et remarquable coquille, qui joue un rôle si important dans la géologie du midi de la France.

A. — *MOULE EXTERNE.*

1. AM. BENETTIANUS, Pl. IV, fig. 25 ; Pl. V, fig. 29 ; pl. VIII, fig. VI = 29 (échantillons pyriteux).

Char. *Costis præ ætate proximioribus, tuberculis dorsalibus minus prominulis.*

Var. α. Pl. V, fig. 29. *Costis non alternatim tuberculatis.*

Var. β. Pl. IV, fig. 25. *Quatuor costis non tuberculatis inter duas costas tuberculatas* : ab (21 mill.) = 10 ; $ac = 3,3$; $oj = 3,8$; $ed = 5,7$; $gf = 5,2$; $ih = 3,3$; $e'd' = 4,2$.

Syn. *Am. benettianus*, Sow. (*Miner. conchology*), pl. 539 ; *am. monile*, tom. II, pag. 35, pl. 117 (moule marneux) ; *Am. Henleyi*, ibid., pag. 161, pl. 172 (moule marneux roussâtre) ; *am. varians, ibid.*, pag. 170, pl. 176. — Brongniart et Cuvier (*Descript. des environs de Paris*), am. *inflatus, rothomagensis, Coupei, Deluci, varians, Gentoni*, pl. VI, fig. 1, 2, 3, 4, 5, 6, (tous échantillons dont les différences ne reposent que sur des accidents de fossilisation).

Localité : Mende (Lozère).

2. AM. BICRISTATUS, Nob. Pl. II, fig. 10 (échantillon marneux).

Char. *Discoïdeo-compressus, costatus, costis in duplicem et dorsalem tuberculorum seriem desinentibus* : ab (54 mill.) = 10 ; $aj = 3,3$; $e'd' = 2,2$.

Syn. Baier (*Oryct. noric.*), tab. VIII, fig. 7. — Knorr. Pl. II, tab. I, fig. 5. — Sow. (*Miner. conchol.*), *am. auritus*, tom. II, pag. 75, pl. 134 (moule marneux, mais non aplati comme le nôtre) ; *am. dentatus*, tom. IV, pag. 3, pl. 308 ; *am. lautus*, ibid., pag. 3, pl. 309 ; *am. rothomagensis*, tom. V, pag. 25, pl. 515, fig. 1 et 2 ; *am. varicosus*, ibid., pag. 74, pl. 551, fig.

Localité : Castellane.

Obs. Ce moule grossièrement ébauché est le résultat de la compression latéralement exercée par la couche géologique sur le moule marneux de l'*Am. Evgenii*, pl. IX, fig. 59.

B. — *MOULE INTERNE.*

3. AM. ANNULATUS. Pl. V, fig. 37.

Char. *Costis acutis, dorso rotundato bifurcatis, vix inflantibus.*

Syn. Lister (*Hist. anim. Angliæ*), pl. VI, fig. 6. — Baier (*Oryct. noric.*), tab. II, fig. 15-18 ; tab. III, fig. 1, 2, 9, pl. VI, fig. 1-6. — Guettard (*Hist. nat. du Dauphiné*), pl. X, fig. 5 (gros échantillon calcaire). — Knorr (II tab. 1, fig. 2 et 3 ; tab. I, fig. 6 ; tab. 37, fig. 1-3). — Leibnitz (*Protogea*, pl. V, fig. unique). — Schlotheim (*Petrefactunde*), tab. IX, fig. I. — Sowerby (*Miner. conchol.*) *am. angulatus*, tom. II, pag. 8, pl. 107, fig. 1 ; *am. communis*, ibid., fig. 2 et 3 (moules argileux du Lias) ; *am. giganteus*, ibid., pag. 55, pl. 126 (moule marneux gris roussâtre) ; *am. Conybeari*, ibid., pag. 70, pl. 131 ; *am. fimbriatus*, ibid., pag. 145, pl. 164 (tronçon marneux argilo-bleuâtre) ; *am. Braikenridgä*, ibid., pag. 187, pl. 184 ; *am. brevispina*, tom. VI, pag. 106, pl. 556, fig. 2 (moule marneux) ; *am. plicatilis*, pl. 166 ; *am. biplex*, pl. 293 ; *am. annulatus*, pl. 132. — De Haan (*Monogr. ammonit.*, pag. 87), *planites plicatilis* et *planicostatus.*

Localités : Castellane (Basses-Alpes), Grande-Chartreuse (Isère), Lafare (Vaucluse) ; dans le Lias.

Obs. Je possède de cette espèce un assez grand nombre d'échantillons marneux, aussi grands que l'échantillon représenté de grandeur naturelle sur la figure 59, parmi lesquels il en est dont les côtes sont simples et non bifurquées.

4. AM. TRIPARTITUS. Pl. I, fig. 5; Pl. IV, fig. 21, 24; pl. VII, fig. 5.

Char. *Testá discoïdeá, anfractibus planè expositis sensim et sine sensu turgescentibus, costis tenuibus, valdè approximatis, alternatim bifurcatis et dorso rotundato continuis ornatá; unoquoque anfractu tribus sulcis radiantibus transversalibus dorso continuis exarato :* ab (20 mill.) $= 10$; $aj = 2,5$; $ed = 3,5$, $o'd' = 3$.

Var. α. *Am. papyraceus.* Pl. II, fig. 7, pl. VIII, fig. XIII $= 7$.

Syn. Lister (*Hist. anim. Angliæ tres tractatus*), tab. VI, fig. 5. — Bourguet (*Pétrifications*), pl. XLVI, fig. 290, d'après Scheuchzer. — Sowerby (*Miner. conchol.*). am. *ellipsolithes* tom. I, pag. 81, pl. 32; am. *ellipsolithes compressus* ibid., pag. 84, pl. 38; am. *giganteus*, tom. II, pag. 55, tab. 126; am. *triplicatus* ibid., tom. III, pag. 167, pl. 292; am. *Davæi* tom. II, pl. 350; am. *planorbis*, pl. 448; am. *striatulus*, pl. 421.

Obs. L'identité des échantillons des figures 21 et 24, pl. IV, n'a pas besoin d'être démontrée; ces échantillons sont pyriteux, de la couleur du fer limoneux. La figure 5, pl. 1, est celle d'un échantillon marneux du Lias que nous avait adressé, en 1829, M. Banon, pharmacien en chef de la marine à Toulon. La compression en a effacé toutes les stries, en ne lui conservant que les sillons très-rayonnants. Quant à l'échantillon de la figure 7, pl. II (am. *papyraceus*), c'est un moule marneux qui a supporté une compression si forte que, stries et sillons, tout a été effacé, et que le moule a été réduit à l'épaisseur d'une feuille de gros papier.

Au sujet de l'écume pétrifiée qu'on remarque sur la figure 21, pl. IV, voyez ce que nous avons dit pag. 26, 1re col.

Nous possédons un assez grand nombre d'individus de cette espèce, dépourvus de stries, mais offrant des traces de sillons rayonnants, qui n'ont subi aucune sorte de compression, et qui représentent fort bien de petits planorbes. Ce sont des moules de marne rougeâtre qui me viennent de Vaucluse.

Les sillons rayonnants marqueraient-ils des périodes d'accroissement, comme on en observe sur la coquille des Lymnées et planorbes de nos étangs?

5. AM. TRIPARTITO-INFORMIS. Pl. V, fig. 35 et 36 (moules marneux bleuâtres).

Char. *Forma argilosa secundum lineam (ab) sigillata et subacta.*

Syn. Knorr. Pl. XI, A v. fig. 2.

Localité : Cheiron, près Castellane (Basses-Alpes).

Obs. L'échantillon de la figure 35, pl. V, porte l'empreinte des stries costales de l'am. *tripartitus*, et celui de la figure 36 porte l'empreinte bien distincte des trois sillons rayonnants de cette espèce.

QUATRIÈME GROUPE

1. AM. ANNULATO-AFFINIS. Pl. IV, fig. 23, pl. VIII, fig. II $= 23$ (pyriteux noir).

Char. *Discoïdeus; anfractibus expositis dorso et latere depressis; costis tenuissimis valdè approximatis, striarum instar, dorso bifurcis, latere simplicibus, in quáque bifurcatione quasi tuberculatis, exaratus :* ab (30 mill.) $= 10$; ac, $aj = 2,3$; ed. gf, $ih = 5$; $e'd' = 3,3$.

Syn. Knorr. Pl. II A, III, fig. 6; pl. II A, fig. 7.— Baier (*Oryct. noric.*, 1758, tab. II, fig. 16, 17, et tab. VI, fig. 7. — Bourguet (*Pétrifications*), pl. 45, fig. 287, 288 (empruntée à Langius). — Sowerby (*Miner. conchol.*), am. *Blagdeni*, tom. II, pag. 231, pl. 201 (moule marneux ardoisé); am. *humphriesianus*, tom. V, pag. 161, pl. 500 (moules marneux jaunâtres); am. *Listeri*, ibid., pl. 501, fig. 1.

Localités : Mende (Lozère); Saint-Christophe, près Gigondas (Vaucluse).

Obs. Si les échantillons pyriteux sur lesquels a été prise la figure II de la pl. VIII ne sont pas l'effet d'une compression dorso-latérale de notre annulatus, on retrouvera tôt ou tard leur moule extérieur avec des tubercules analogues à ceux de l'am. *Evgenii*, pl. IX, fig. 59; car le dessin de ses arborizations (pl. VIII, fig. II = 23), indique une espèce distincte de l'annulato-affinis.

2. AM. GLOBOSUS. Pl. VI, fig. 50, pl. IX, fig. V $= 50$? (échantillon pyriteux rougeâtre).

Char. *Anfractibus dorso quam latere latioribus, ideòque in globum involutis, latere tuberculatis; costis dorso quadrifidis.*

Syn. Sowerby (*Miner. conchol.*), am. *striatus*, tom. I, pag. 113, pl. 53, fig. 1; am. *sphæricus*, ibid., fig. 2; am. *minutus*, ibid., fig. 3; am. *sublævis*, ibid., pag. 117, pl. 54 (moule gigantesque, interne, marneux, jaune, taché de vert); am. *Brongniartii*, tom. II, pag. 190, pl. A, fig. 2; am. *Gervillii*, pag. 189, pl. A, fig. 3; *Bellerophon costatus*, tom. V, pag. 110, pl. 470.

Depuis 1831, époque de la première publication de

cet ouvrage, cette espèce a passé par quatre ou cinq dénominations génériques, et est devenue, sous les plumes bien pensantes, un Nautile, un Goniatite, un Orbulite, un Globite, un Nautellipsite.

Obs. Quand les Romains (sans doute les vétérans des guerres d'Égypte) se furent établis sur les bords du Rhin, ils recueillirent religieusement les échantillons de cette espèce pour les déposer dans les urnes cinéraires, comme un symbole du sommeil éternel, souvenir des légendes thébo-ammoniennes (Voy. pag. 9).

3. Am. obliquatus. Pl. II, fig. 12, et Pl. IV, fig. 22 (moule interne, marneux, gris bleuâtre).

char. *Uno tantum latere compressus, itá ut anfractus uno quàm altero latere magis expositi evadant, et hinc tubercula magis sint conspicua.*

syn. Bourguet (*Pétrifications*), pl. 39, fig. 254, 255, 256, 262 (empruntées à Scheuchzer et Langius); pl. 43, fig. 280. — Sowerby (*Miner. Conchol.*) am. *Broockii*, tom. II, pag. 233, pl. 202 (moule argileux); am. *Bechei*, tom. III, pag. 143, pl. 280 (moule marneux, jaune-brunâtre); am. *Davæi*, tom. IV, pag. 71, pl. 350 et 351; am. *plicomphalus*, ibid., pag. 82, pl. 359, et pag. 145, pl. 404; am. *mutabilis*, ibid., pag. 145, pl. 405.

Localité : Basses-Alpes.

Obs. Deux échantillons du moule interne d'un calcaire marneux, gris bleuâtre, qui ont subi une compression oblique par un de leurs flancs.

4. Am. subobliquatus, Pl. III, fig. 18 (marneux, gris-bleuâtre).

char. *Dorso ferè integro, sinistrorso.*

syn. Baier (*Oryct. nor.*, 1758, suppl., pl. XII, fig. 8). — Knorr, pl. II, AV, fig. 1 et 2. —Sowerby (*Miner. Conchol.*) Am. *Herveyi*, tom. II, pl. 192?

Localité : Cheiron, près Castellane (Basses-Alpes).

5. Am. perobliquatus, Pl. III, fig. 16 et 19 (moule interne, marneux, gris-bleuâtre).

Char. *Chartæ papyraceæ instar lateraliter compressus.*

Localités : Cheiron, près Castellane (Basses-Alpes); Gigondas et Lafare (Vaucluse).

Obs. L'échantillon de la figure 19 conserve encore, en dépit de la compression, des traces de ses tubercules.

6. Am. cidaris. Pl. V, fig. 39 (moule marneux-grisâtre).

Localité : Basses-Alpes.

syn. Sowerby (*Miner. Conchol.*) am. *navicularis*, tom. VI, pag. 105, pl. 555, fig. 2.

Obs. La compression exercée perpendiculairement sur les deux faces a été si forte que la marne comprimante a fait corps avec les tours de spire du centre, et est restée enveloppée par le tour de spire dernier en date, ce qui lui donne la forme d'un turban.

7. Am. liquescens. Pl. VI, fig. 41, 43 (échantillon pyriteux et irisé).

Char. *Substantiá, dum comprimeretur, quasi per ignem deliquescente, deformatus, elongatus; aperturá spumante.*

Localité : Mende (Lozère).

Obs. On remarque à la base des bifurcations, quelques rudiments de tubercules. C'est par la transparence vitreuse du test qu'on aperçoit les stries.

8. Am. minimus. Pl. VI, fig. 55 (pyriteux ochracé).

Char. *Aperturá quadratá, costis tenuissimis alternatim bifidis.*

Obs. C'est, pour ainsi dire, l'embryon de l'*annulato-affinis* Pl. IV, fig. 23.

9. Am. dicompressus. Pl. VI, fig. 46 (pyriteux).

Localités : Mende (Lozère); quartier des Fléurols près de Gigondas (Vaucluse).

Obs. La compression exercée sur ce petit échantillon s'est opérée parallèlement sur les deux faces et dans le même sens, en sorte que le dos, qui est comprimé aussi, semble être taillé carrément, et que ses deux angles sont comme taillés en scie et tournés vers l'ouverture. Je possède, de cette espèce et de la même localité, des échantillons marneux et de gros calibre, qui portent ce caractère; ils appartiennent au lias.

10. Am. retropressus. Pl. VI, fig. 49; pl. VIII, fig. III = 25 (pyriteux vitrifié bleuâtre).

Char. *Testá vitreá nigro-cæruleá, discoïdeá; costis basi antrorsùm, dorso retrorsùm vergentibus.*

syn. Am. *Guillelmi*, Sow. (*Miner. Conchol.*) tom. IV, pag. 5, pl. 311.

Localité : Mende (Lozère).

Obs. Les côtes et les ramifications de cet échantillon peuvent fournir le fil de ses analogies. La compression qui l'a aplati par les flancs, à l'instant où le sulfure de fer était, pour ainsi dire, en fusion, s'est opérée dans une direction circulaire et en spirale, qui a fait que la moitié inférieure de chaque côté s'est fléchie vers l'ouverture et la moitié supérieure vers l'opposé.

11. Am. LÆVISSIMUS. Pl. VI, fig. 45 ; pl. VIII, fig. VI = 29 (pyriteux vitrifié bleuâtre).

Char. *Testá lævissimá et costis orbatá.*

Localité : Mende (Lozère).

Obs. On trouve, parmi les échantillons appartenant à cette espèce, une foule de passages de l'état strié à l'état sans stries. Les échantillons qui n'ont pas de stries sont, ou bien les moules tout à fait intérieurs de l'Ammonite dont les concamérations seules ont été conservées, ou bien les moules dont la vitrification a effacé les côtes.

12. Am. IMPRESSUS. Pl. VI, fig. 47, 51 (vitrifié noirâtre).

Char. *Anfractibus quasi digito regulariter impressis.*

Localité : Mende (Lozère).

Obs. Les échantillons portent, sur chaque flanc de l'anfractuosité, des impressions digitales assez régulières qui, se reproduisant sur plusieurs individus, indiquent la place de tout autant d'organes tuberculiformes que la compression géologique a refoulés ou ébréchés.

13. Am. QUADRISPINOSUS. Pl. VI, fig. 56, pl. VIII, fig. VI?

Char. *Globosus, utrinque, id est latere et dorso, duplici serie tuberculorum acutorum ornatus.*

Localités : Mende (Lozère) ; Rocher-des-Tours, près Gigondas (Vaucluse).

Obs. Ces échantillons paraissent avoir été les moules externes des plus jeunes individus de l'Am. Eugenii.

CINQUIÈME GROUPE

Moules sous inférieurs comprimés, creusés ou carénés sans être dentelés par la saillie du siphon.

1. Am. SUBTUBERCULATUS. Pl. IV, fig. 20, et Pl. V, fig. 40 (pyriteux rougeâtre).

Char. *Carinatus, costis crassis alternatim bifurcis, cariná utrinque bisulcatá interruptis, ad basim tantùm alternatim tuberculatis :* ab (40 mill.) = 10 ; ac = 3 ; aj = 3,2 ; ed, gf = 3 ; ih = 2 ; e'd' = 2,5.

Syn. Bourguet (*Pétrifications*), pl. 41, fig. 272 (d'après Scheuchzer) ; pl. 42, fig. 273 (d'après Scheuchzer). — Sowerby (*Miner. Conchol.*) am. jugosus, tom. I, pag. 207, pl. 92, fig. 1-5 (marneux et pyriteux) ; am. stellaris, ibid., pag. 211, pl. 93 ; am. Brooki, tom. II, pag. 203, pl. 190 ; am. Turneri, tom. V, pag. 75, pl. 452 (marneux ardoisé) ; am. splendens, tom. II, pag. 1, pl. 103 (pyriteux brillant).

Obs. La première couche du test ayant été enlevée sur le dos, le siphon y a été mis à nu et les grosses côtes y sont interrompues, et ne se rejoignent pas. Les tubercules dorsaux ont été effacés par la même cause, et il ne reste que la série des tubercules latéraux. Une légère compression a été exercée sur les flancs, ce qui rend l'ouverture un peu oblongue.

2. Am. ATUBERCULATUS. Pl. V, fig. 33 (pyriteux rougeâtre irisé).

Char. *Vix duplicis seriei tuberculorum rudimentis signatus.*

Localité : Mende (Lozère).

Obs. Ce petit échantillon est un jeune individu de l'espèce précédente ; il a subi, par le travail de la fossilisation, les mêmes dégradations, plus la perte de tous ses tubercules.

3. Am. QUADRATUS. Pl. VI, fig. 42.

Char. *Costis simplicibus, cariná acutá, aperturá quadratá.*

Syn. Sowerby (*Miner. Conchol.*), am. Turneri, pl. 452.

Localité : Mende (Lozère).

Obs. Les échantillons d'après lesquels la figure 42 a été prise sont d'un pyrite rougeâtre, compacte, et d'une grande densité. Les côtes sont aiguës ; la compression s'est exercée circulairement en partant de l'ouverture.

4. Am. ANOMALUS. Pl. VI, fig. 44 et 48 ; pl. VII, fig. IX = 44, et fig. XI = 48 (pyriteux rougeâtre).

Char. *Quibusdam costis anomalis.*

Syn. Sowerby (*Miner. Conchol.*), pl. 255.

Localité : Mende.

5. Am. ELEGANS. Pl. III, fig. 14 et 15 ; pl. VII, fig. IX = 44, et pl. IX, fig. III (marneux violet).

Char. *Cariná prominulá, costis simplicibus, aperturá ovali :* ab (fig. 14, 40 mill.) = 10 ; ac = 3,2 ; aj = 3,5 ; ed = 2,2 ; gf = 2,0 ; ih = 1,5 ; e'd' = 1,7. — ab (fig. 15, 32 mill.) = 10 ; aj = 3,4 ; ed = 2,5 ; ih = 2,1 ; e'd' = 1,8.

Syn. Baier (*Oryct. nor.*) tab. III, fig. 67. Knorr, IIA, fig. 13? — Sowerby (*Miner. Conchol.*), tom. V, pag. 74, pl. 451, fig. 3.

Localité : Mende (Lozère).

Obs. Ces échantillons, dont la couleur violacée relève encore l'élégance, portent des traces de tubercules latéraux, que la compression a presque oblitérés.

6. AM. SERPENTINUS. Pl. III, fig. 13; pl. VII, fig. 13 et 13 *bis* (pyriteux violet).

Char. *Testâ discoïdeâ, carinatâ, tenuissimè striatâ potiùs quam costatâ; aperturâ maximè elongatâ : ab* (50 mill.) = 10; *ac* = 4,5; *aj* = 4,8; *ed* = 2,8; *gf* = 2,6; *ih* = 1,6; *e'd'* = 1,8.

Syn. Langius (*Hist. lapid. fig. Helvetiæ*, pl. 23, pag. 90, fig. 1 et 2). — Knorr, II A, II, fig. 2. — Sowerby (*Miner. Conchol.*) am. *Strangewasii*, pl. 254, fig. 1 et 2; am. *concavus*, tom. II, pag. 5, pl. 105; am. *læviusculus*, tom. V, pag. 73, pl. 451, fig. 1 et 2.

7. AM. CANCELLATO-QUADRATUS. Pl. V, fig. 31, pl. IX, fig. 1 = 31 (pyriteux rougeâtre).

Char. *Carinâ vix prominulâ; ore quadrato; costis prominulis antrorsùm recurvis, dorsum versus bifurcis, atuberculatis.*

Localité : Mende (Lozère).

8. AM. CANCELLATO-SEMICIRCULARIS. Pl. V, fig. 32; pl. VIII, fig. V = 32 (pyriteux rougeâtre).

Char. *Carinâ vix prominulâ, ore semicirculari, costis basim versus ferè tuberculatis et supra basim bifurcatis : ab* (27 mill.) = 10; *ac* = 3,7; *aj* = 4,4; *ed* = 4,4. *gf* = 4,8; *ih* = 4,2; *e'd'* = 3,7.

Syn. Sowerby (*Miner. Conchol.*) am. *plicatilis*, tom. II, pag. 149, pl. 166; am. *Herveyi*, ibid., pag. 215, pl. 195; am. *Lamberti*, tom. III, pag. 73 et 74, pl. 242, fig. 1-3; am. *Leachi*, ibid., fig. 4; am. *omphaloïdes*, ibid., fig. 5; am. *cinctus*, tom. VI, pag. 122, pl. 56, fig. 1; Am. *catilhus*, ibid., fig. 2.

Localité : Mende (Lozère).

9. AM. CANCELLATO-OBOVATUS. Pl. IV, fig: 26.

Char. *Carinâ vix prominulâ, ore ovato, costis ad basim tuberculatis et bifurcis.*

Localité : Mende (Lozère).

10. AM. CANCELLATO-TRANSOVATUS. Pl. V, fig. 38 (pyriteux rougeâtre).

Char. *Carinâ vix prominulâ, ore transversìm obovatus, costis rarò bifurcatis.*

Obs. Ces quatre espèces semblent n'être que des variétés de fossilisation et de compression géologique, d'une espèce dont le moule extérieur doit se rapprocher de celui de l'*Am. Eugenii*. Elles proviennent toutes les quatre de la Lozère.

11. AM. DEFORMIS. Pl. III, fig. 17 (moule marneux grisâtre).

Char. *Lateraliter et obliquè compressus, dorso laterali et quasi tricarinato, costis irregulariter sinuatis.*

Localités : Cheiron, près de Castellane (Basses-Alpes); Crestet (Vaucluse).

Obs. La compression (ou plutôt le refoulement de la couche géologique), a rejeté tous les caractères de symétrie sur un des flancs, en allongeant le moule dans le sens de la ligne *a b*; elle a fait saillir ainsi, en tout autant de tubercules, les extrémités dorsales des côtes.

SIXIÈME GROUPE

Carène dentelée par les traces des côtes qui sont restées adhérentes au siphon.

1. AM. ROTULA. Pl. V, fig. 30; Pl. VI, fig. 53; pl. VIII, fig. XIV = 53 (pyriteux rougeâtre).

Char. *Carinâ tuberculatâ et quasi serratâ, costis lateraliter tuberculatis.*

Syn. *Cornu Ammonis plane arietinum.* Mus. Worm., pag. 91. — Knorr, p. II, A, fig. 14; p. II A, II fig. 1, 3. — Bourguet (*Pétrifications*), pl. 47, fig. 295-297; pl. 49, fig. 258, 259 (empruntées à Langius et Scheuchzer). — am. *amaltheus*, Schlotheim. — Sowerby (*Miner. Conchol.*) am. *acutus, cordatus, quadratus*, tom. I, pag. 51, pl. 17, fig. 12, 3; am. *Duncani*, tom. II, pag. 129, pl. 157; am. *inflatus*, ibid., pag. 170, pl. 178; am. *Stokesi*, ibid., pag. 205, pl. 191 (moule marneux, jaune-grisâtre); am. *cristatus*, tom. IV, pag. 24, pl. 421; am. *curvatus*, tom. VI, pag. 153, pl. 579.

Localité : Département de la Lozère.

Obs. La fossilisation a coupé les côtes, non pas au-dessus du siphon, mais de chaque côté, en sorte que le siphon, portant les traces de ces côtes, en paraît découpé en scie. Sur certains échantillons la carène est entière, les traces des côtes étant tombées; sur certains autres, les tubercules latéraux ont été enlevés. Un jeune individu m'a donné les ramifications de la figure IV, pl. VIII.

SEPTIÈME GROUPE

1. AM. NAUTILOÏDES. Pl. IV, fig. 27; pl. VIII, fig. IV = 27.

Char. *Testá discoïdeá lævi, lateribus inflatis, dorso acuto, suturis sinuatis, sed vix dentatis, nedum subdivisis.*

Localité : Lozère.

Obs. C'est bien l'espèce qui se rapproche le plus des Nautiles par sa forme générale et surtout par la simplicité de ses découpures, dentées plutôt que ramifiées, pl. VIII, fig. IV = 27.

HUITIÈME GROUPE

1. AM. QUADRIFIBULA. Pl. VI, fig. 57; pl. VIII, fig. XII = 57 (pyriteux).

Char. *Testá subglobosá; costis duplicatis in quatuor fibulas totidem tuberculis distinctas.*

Syn. Knorr, P. II, A, fig. 1, 5, 6.

Localité : Lozère.

Obs. Chaque côte se compose de quatre ganses séparées par tout autant de petits boutons du plus joli effet.

2. AM. BISERRATUS. Pl. VI, fig. 58 (pyriteux).

Char. *Tuberculis lateralibus, ideoque fibulis, præ compressione evanidis.*

Localités : Bolène (Vaucluse), Castellane (Basses-Alpes).

3. AM. CONTORTUS. Pl. IV, fig. 28 (marneux grisâtre).

Char. *Præ compressione contortus et mutilus.*

Syn. Knorr, Pl. II, AV, fig. 1, 2. — Sowerby (Miner. Conchol.) *am. hippocastanum*, tom. VI, pag. 23, pl. 514, fig. 2.

Obs. L'échantillon marneux que représente la figure 28, malgré son usure et les effets du refoulement, garde encore tous les caractères du petit échantillon pyriteux de l'*Am. quadrifibula.*

NEUVIÈME GROUPE

1. AM. BIFRONS. Pl. V, fig. 34; pl. VIII, fig. IX, XI; pl. IX, fig. III (pyriteux couleur d'or).

Char. *Testá discoïdeá, siphone carinatá, ibique bisulcatá; lateribus costatis; costis sæpissimè obscuris, sed in duplicem seriem sulco siphoni concentrico divisis; aperturá quadratá: ab (44 mill.) $= 10$; $ac = 2,9$; $aj = 3,6$; $ed = 2,7$; $gf = 2,0$; $ih = 2,2$; $e'd' = 2,2$.*

Syn. Lister (*Hist. anim. Angliæ tres tractatus*), tab. 6, fig. 2. — Rumph, *Cornu Ammonis*, pl. 60, D. A. — Bruguière (*Dict.*), *am. bifrons* et *bisulcatus.* — Sowerby (*Miner. Conchol.*) *am. serratus*, tom. I, pag. 65, pl. 24 (moule marneux gris, altéré sur les trois quarts); *am. Walcotii*, tom. II, pag. 7, pl. 106; *am. Bucklandi?* ibid., pag. 69, pl. 130; *am. Marchisonæ*, tom. VI, pag. 95, pl. 550 (moitié du moule aplati); *Nautilus sulcatus*, ibid., pag. 137, pl. 571, fig. 1 et 2.

Localité : Lozère.

Obs. Je possède de la même localité, outre le grand échantillon de la figure 34, et qui est couleur d'or, trois autres petits échantillons également pyriteux, mais d'une couleur acajou. Ces petits échantillons offrent les mêmes caractères généraux que le grand, avec cependant des caractères accessoires qui suffiraient, d'après le laisser-aller de Sowerby, pour constituer tout autant d'espèces distinctes : Car chez l'un il n'existe qu'une série de côtes latérales en dehors du sillon concentrique; chez les deux autres, on en remarque deux séries coupées par ce sillon concentrique. Chez un autre ce sillon concentrique est à peine marqué, et les côtes sont continues et disposées exactement de la même manière que sur la figure 49 de la Pl. VI. On remarque en outre, chez tous, que ce sillon concentrique est d'autant plus profond que l'échantillon a été plus aplati et plus comprimé sous l'affaissement de la couche géologique. Chez les échantillons de petit calibre, on rencontre des tubercules sur les côtés, tubercules qui ont disparu chez le grand échantillon, ce qui prouverait que l'*Am. bifrons* ne serait qu'un moule interne dont l'externe reste à déterminer, comme l'*Am. annulatus* est le moule interne de l'*Am. benettianus.*

DEUXIÈME GENRE

1° *Nautilus pompilius* — Je ne connais des montagnes du midi de la France qu'une seule espèce de Nautile; mais les divers échantillons que j'ai eus sous les yeux pourraient bien servir à constituer tout autant d'espèces distinctes, si l'on attachait une importance de ce genre à de simples accidents de la fossilisation. En effet, les uns sont comprimés par le flanc, les autres par le dos, ce qui leur imprime des formes plus ou moins anguleuses. Les uns sont des moules calcaires, chez les autres le test s'est silicifié, et leur coloration en affecte diverses nuances. J'en possède un échantillon de 15 centimètres de diamètre, qui se rapporte très-bien à celui que Faujas de Saint-Fond a décrit et figuré dans son *Histoire naturelle de la montagne de Saint-Pierre*, pl. XXI, pag. 139. Il provient de Lafare, au pied du Mont-Ventoux (Vaucluse) ; il en existe d'aussi gigantesques dans la craie de Caen. On trouve dans les environs de Lafare des échantillons de l'*Am. Prosti* que la fossilisation a tellement comprimés, moulés et colorés, qu'on les prendrait, au premier coup d'œil, pour des échantillons du *Nautilus pompilius*.

MONOGRAPHIE
DES TÉRÉBRATULES

DES BASSES-ALPES, DE VAUCLUSE ET DE LA LOZÈRE.

Les Térébratules fossiles (Pl. X et XI) se rencontrent dans tous les terrains où abondent les *Bélemnites*, les *Ammonites* et les *Gryphites*.

Ce sont des coquilles bivalves qui dépassent rarement 4 centimètres de long sur 3 centimètres de large. Ces fossiles ont des représentants vivants dans la Méditerranée, l'océan Atlantique et les mers du Sud ; et ces coquilles vivantes ne dépassent pas la taille des coquilles fossiles.

L'une des deux valves qui prend le nom de valve interne (*a*, pl. XI, *fig.* 12), s'articule sous le crochet de la valve externe (*ibid. d*), et n'est interne que par cette région ; le crochet de la valve externe est muni, à son extrémité, d'une perforation *b* destinée à donner passage à l'organe tendineux, au moyen duquel l'animal peut et pouvait se fixer aux rochers et aux corps marins sur lesquels il prenait domicile.

Certaines espèces ont la coquille lisse (pl. X, *fig.* 1, 2); d'autres se distinguent par des stries ou rainures plus ou moins profondes et qui partent et irradient sur l'une et l'autre valve (pl. XI, *fig.* 17) de la région de l'articulation. En général, les contours des deux valves sont pentagonaux d'une manière plus ou moins marquée (pl. XI, *fig.* 12). Le côté opposé au crochet se plisse chez certaines espèces, comme par suite d'impressions digitales, si je puis m'exprimer ainsi, et de manière que le relief des plis soit sur une des valves, et la concavité sur l'autre (pl. XI, *fig.* 14). Chez d'autres, le côté opposé au crochet affecte la forme de deux lèvres relevées, l'inférieure contre la supérieure (pl. XI, *fig.* 18).

Ainsi que chez les Ammonites, les accidents de la fossilisation altèrent, effacent et dissimulent tellement les caractères spécifiques de ce genre de fossiles, qu'il en résulte une grande difficulté pour les déterminations, et que les doubles, triples et quadruples emplois ont dû donner lieu à la multiplication des noms spécifiques, d'après des échantillons identiques d'origine, mais plus ou moins altérés par l'action désorganisatrice du milieu dans lequel le cataclysme les a enfouis.

Chez les uns, la coquille ou test a complétement disparu, et il ne nous en reste que le moule interne qui est lisse, alors que la coquille a pu être plus ou moins finement striée.

Chez d'autres, la coquille a également disparu, mais a laissé son empreinte gravée dans la pâte, ce qui fait que le moule que nous appellerons externe en reproduit tous les détails.

Les échantillons de la même espèce varient en couleur, en compacité et en substance géologique, selon le milieu où ils se sont déposés. Bleues dans les marnes du Lias, jaunâtres et granulées dans le calcaire grossier, couleur de brique dans le calcaire jurassique, et comme agatisées ou pyriteuses dans d'autres couches géologiques ; dans les marnes bleues du Lias des Vosges, la *Terebratula crumena* Sow. (pl. XI, *fig.* 18 du présent ouvrage) a conservé son test vitré, comme si elle sortait fraîchement du fond de la mer.

Dans ce petit essai, nous n'avons pas la prétention de réformer la nomenclature classique ; il nous faudrait avoir sous les yeux la collection du Muséum, si toutefois elle n'est pas dans le plus complet désordre. Nous ne nous attacherons pas à débrouiller le chaos de la synonymie; nous n'avons à nous occuper que d'une étude locale. Nous donnerons de bonnes figurés même des espèces déjà décrites, et nos descriptions ne seront presque que l'indication des dimensions. Ce sont des matériaux que nous préparons pour une étude générale et non un édifice complet que nous élevons ; mais ces matériaux seront si bien numérotés, qu'il ne restera plus à celui qui voudra s'en servir qu'à les mettre en place dans le cadre de la classification.

Nous sommes redevables des échantillons des Térébratules dont nous allons nous occuper aux envois successifs que nous en ont faits, il y a déjà près de trente-sept ans, MM. Émeric (de Castellane, dans les Basses-Alpes) ; Banon, pharmacien en chef de la marine à Toulon (Var) ; Prost, directeur des postes à Mende (Lozère) ; et en 1836, Eugène Raspail, à Gigondas, au pied du Mont-Ventoux (Vaucluse).

PREMIÈRE DIVISION. — Térébratules lisses, sans stries et sans plis.

4. TÉRÉBRATULE LAMPE ANTIQUE, *Terebratula lampas* (pl. X, *fig.* 1).

Syn. *Terebratula lampas* Sow. (*Miner. Conchol.*, tom. 1, pag. 228, pl. 101, *fig.* 3.)

Caract. Longueur, 0ᵐ,035; largeur, 0ᵐ,025 ; épaisseur, 0ᵐ,020 (1). Les quelques échantillons que nous en possédons offrent entre eux des différences à nos yeux individuelles, mais qui seraient considérées comme spécifiques, si certains auteurs les voyaient isolément. Les côtés des coquilles ne sont pas toujours symétriques, et ce défaut ne provient pas d'une compression subie par le moule; car la plupart sont munies, en grande partie de leur test. La valve interne vers son bord médian offre des traces de plis superficiels longitudinaux qui s'effacent chez d'autres échantillons.

Localité : Calcaire jurassique du Var, d'où ces échantillons nous ont été envoyés, en 1829, par M. Banon, pharmacien en chef de la marine, à Toulon. Nous en possédons deux échantillons d'une compacité et d'une couleur tellement ardoisée qu'ils pourraient bien nous être provenus du Lias des Vosges, dans un des envois que nous avait faits le capitaine Pouzzols, à la même époque.

II. TÉRÉBRATULE VITRÉE. *Terebratula vitrea* (pl. X, *fig.* 2).

Syn. *Terebratula vitrea* Lam., *Encycl.*, pl. 239. fig. 1. — *Terebratula carnea* Sow. (*Miner. Conchol.*, tom. 1, pl. 15, fig. 56, et sans doute toutes les autres figures de la même planche).

Caract. Longueur, 0ᵐ,035 ; largeur, 0ᵐ,040 ; épais-

seur, 0ᵐ,020. Le contour des valves n'est pas pentagonal d'une manière bien prononcée ; mais la forme générale indique suffisamment que cette espèce fossile n'a pas d'autre origine que l'espèce actuellement vivante dans nos mers et si généralement connue dans les collections sous le nom de *Terebratula vitrea.*

Localité : Calcaire grossier de Provence. Nous en avons sous les yeux deux échantillons d'un âge plus jeune, l'un provenant de la craie et l'autre du lias, et différant ainsi de coloration l'un de l'autre ; ils ont en longueur, 0ᵐ,015 ; en largeur, 0ᵐ,017 ; en épaisseur, 0ᵐ,010 ; les proportions des coquilles varient, en effet, plus ou moins avec l'âge ; ce qu'il ne faut jamais perdre de vue dans le dépouillement des caractères spécifiques.

III. TÉRÉBRATULE VULGAIRE, *Terebratula vulgaris* (pl. X, *fig.* 3).

Syn. *Terebratulites vulgaris* Schlotheim (*Petrefactunde*, pl. 37, fig. 5). — *Terebratula bucculenta* Sow. (*Miner. Conchol.*, tom. V, pag. 54, pl. 438, fig. 2.)

Caract. Cette Térébratule se rapproche beaucoup de la précédente, et s'en distingue surtout par le bord médian des deux valves avancé carrément. Le test en est très-bien conservé, et mes échantillons ont tous les trois un aspect corné. 1ᵉʳ *Échantillon :* longueur, 0ᵐ,032 ; largeur, 0ᵐ,031 ; épaisseur, 0ᵐ,015. — 2ᵉ *Échantillon :* longueur, 0ᵐ,033 ; largeur, 0ᵐ,030 ; épaisseur, 0ᵐ,015. — 3ᵉ *Échantillon :* longueur, 0ᵐ,032; largeur, 0ᵐ,027; épaisseur, 0ᵐ,015.

Localité : Calcaire jurassique du Var; envoi de feu M. Banon, pharmacien en chef de la marine à Toulon.

(1) La longueur c'est la distance du crochet (*b*, pl. XI, fig. 12), au bord opposé (*a*) ; la largeur (*c, d*) c'est la plus grande dimension des valves, dimension perpendiculaire à la longueur (*a, b*) ; l'épaisseur c'est la distance des points culminants des deux valves (*e, f*).

IV. Térébratule digonale, *Terebratula digona* (pl. X, *fig.* 4).

Syn. *Terebratula digona* Sow. (*Miner. Conchol.*, tom. 1, pag. 217, pl. 96).

Caract. L'individu qui nous a été envoyé de Mende (Lozère), quoique fruste, se rapporte suffisamment à l'espèce figurée par Sowerby. Le côté opposé au crochet est coupé carrément par une ligne légèrement concave et qui de chaque côté se termine angulairement : il provient du calcaire compacte. La valve interne est marquée de cercles emboîtés les uns dans les autres et se touchant tous par le côté du crochet. La valve externe offre deux plis symétriques qui forment comme les hypoténuses des deux angles basilaires. Quoique le côté des deux angles soit endommagé, je crois pouvoir donner les dimensions suivantes de cette espèce : longueur, 0^m,030 ; largeur, 0^m,027 ; épaisseur, 0^m,015.

DEUXIÈME DIVISION. — Térébratules à plis sur l'une ou l'autre valve.

V. Térébratule mitre, *Terebratula mitra* (pl. X, *fig.* 5).

Caract. Longueur, 0^m,020 ; largeur, 0^m,022 ; épaisseur, 0^m,015. Le côté opposé au crochet ou base de la coquille est échancré en un croissant qui sert de base à une concavité triangulaire creusée sur la valve interne et dont le sommet arrive près du crochet. Les deux valves sont lisses et affectent la couleur de la serpentine.

Localité : Elle me vient de Mende (Lozère).

VI. Térébratule mitroïde, *Terebratula mitroïdes* (pl. X, *fig.* 6).

Caract. Longueur, 0^m,022 ; largeur, 0^m,017 ; épaisseur, 0^m,012. L'échantillon qui vient de la craie se rapproche de l'espèce précédente par la forme générale ; mais il s'en distingue en ce que l'échancrure basilaire est moins accusée et que la dépression consécutive de la valve interne ne s'étend pas plus haut que le cinquième de l'individu.

VII. Térébratule mitre large, *Terebratula mitra lata* (pl. X, *fig.* 7).

Caract. Longueur, 0^m,020 ; largeur, 0^m,025 ; épaisseur, 0^m,015. Lisse, échancrée en mitre sur le côté de la valve externe opposé au sommet.

VIII. Térébratule fruit d'érable, *Terebratula acericarpa* (pl. X, *fig.* 8).

Caract. Longueur, 0^m,017 ; largeur, 0,025 ; épaisseur, 0^m,010. Lisse, assez aplatie, développée de manière à représenter l'envergure des fruits d'érable à leur jeune état de développement.

N. B. Ce n'est que comme espèces fossiles, et caractéristiques d'un terrain, que nous maintenons ces quatre Térébratules dans cette division. Car évidemment elles ne sont que les moules internes des Térébratules striées et labiées du groupe auquel appartient la *Terebratula crumena* (pl. XI, *fig.* 18).

IX. Térébratule cordiforme, *Terebratula cordiformis* (pl. X, *fig.* 9).

Caract. Longueur, 0^m,017 ; largeur, 0^m,014 ; épaisseur, 0^m,008. Couleur de pierre à fusil ; lisse et échancrée en cœur sur le côté basilaire et opposé au crochet.

Localité : Reçu en 1829 de M. Banon, pharmacien en chef de la marine à Toulon (Var).

X. Térébratule bourse pleine, *Terebratula bursa plena* (pl. X, *fig.* 11).

Caract. Longueur, 0^m,025 ; largeur, 0^m,019 ; épaisseur, 0^m,016. Stries d'accroissement pentagonales. Couleur du calcaire jurassique et compacte ; moule interne et sans traces de test ; échancrure digonale ; dépression consécutive et triangulaire qui ne s'étend pas plus haut que le tiers de la longueur sur la valve externe, ce qui lui donne l'air d'une bourse à pasteur vue par son trop-plein.

Localité : Mende (Lozère).

XI. Térébratule cardioïde, *Terebratula cardioïdes* (pl. X, *fig.* 10).

Syn. *Terebratula ornithocephala*. Sow. (*Miner. Conchol.*, tom. I, pl. 101, fig. 1 2, 4, pag. 227). (Nous ne comprenons pas en quoi cette espèce ressemble à une tête d'oiseau.)

Caract. Longueur, 0^m,016 ; largeur, 0^m,014 ; épaisseur, 0^m,003 ; couleur de serpentine, test conservé sur la valve externe, moins bien et plus terne sur la valve interne; côté opposé au crochet obscurément échancré.

Localité : Mende (Lozère).

XII. Térébratule trapèze, *Terebratula trapezus*, (pl. XI, *fig.* 12.)

Caract. Longueur, 0^m,025; largeur, 0^m,020; épaisseur, 0^m,014. Le côté opposé au crochet se termine carrément par quatre faces, trois sur la valve interne, et une, la plus grande, sur la valve externe; en sorte que la base idéale de ce tétraèdre serait un trapèze; et cette face externe aux bords légèrement retroussés, est marquée de deux sillons parallèles peu profonds et qui aboutissent aux deux angles. Notre échantillon a conservé son test qui s'est dépoli et a pris la couleur de pierre à fusil.

XIII. Térébratule sous-tétraédrique, *Terebratula subtetraedra* (pl. XI, *fig.* 13).

Caractères offrant beaucoup d'affinité avec ceux de l'espèce précédente; peut-être n'en est-ce que le jeune âge? Longueur, 0^m,015; largeur, 0^m,014; épaisseur, 0^m,009. Le test est bien conservé et la couleur d'un gris luisant.

Localité : Mende (Lozère).

XIV. Térébratule a deux plis, *Terebratula biplicata* (pl. XI, *fig.* 16).

Caract. Obscurément pentagone; moule interne de calcaire compacte, rougeâtre. Deux plis longitudinaux en relief à la base de la valve interne. Les deux plis correspondants sont moins prononcés à la base de la valve externe; ils sont du reste en partie cachés par la gangue adhérente. Longueur, 0^m,018; largeur, 0^m,014; épaisseur, 0^m,012.

Syn. *Terebratula biplicata.* Sow. (*Miner. Conchol.*, tom. I, pl. 90, pag. 201; tom. V, pl. 437, fig. 2 et 3, pag. 53.)

Localité : Var (envoi de M. Banon).

XV. Térébratule a deux et trois plis, *Terebratula bi-triplicata* (pl. XI, *fig.* 14).

Syn. Notre échantillon rappelle assez la figure imparfaite et mal dessinée de l'*Encyclopédie*, pl. 239, fig. 3, *a, b.*

Caract. Longueur, 0^m,026; largeur, 0^m,020; épaisseur, 0^m,014. Test bien conservé, couleur d'agate blonde. La valve externe porte deux impressions et trois saillies qui partent de la moitié de sa longueur et plissent ainsi le côté opposé au crochet de la coquille. La valve interne a trois impressions profondes et deux plis; les impressions de l'une correspondant ainsi aux plis en relief de l'autre.

TROISIÈME DIVISION. — Térébratules striées.

Coquilles sillonnées sur les deux valves par des petits plis saillants, divergents, alternant de valve à valve, pour s'engrener par le rapprochement des bords.

XVI. Térébratule éventail, *Terebratula flabelliformis* (pl. XI, *fig.* 15).

Caract. Longueur, 0^m,015; largeur, 0^m,018; épaisseur, 0^m,008. Les stries sont fines et nombreuses, les bords des deux valves à peu près égaux et non sinueux ou en forme de lèvres.

Localité : Mende, dans le calcaire blanc ou craie.

XVII. Térébratule porte-monnaie, *Terebratula crumena* (pl. XI, *fig.* 18).

Syn. *Terebratula crumena* Sow. (*Miner. Conchol.*, tom. I, pag. 189; pl. 63, fig. 2, 2*, 3.)

N. B. Nous publions la figure de cette espèce dont les échantillons nombreux et de divers âges nous proviennent des marnes du lias des Vosges, afin de donner une idée des rapports que les moules décrits ci-dessus sous les noms de *T. mitra, mitroïdes* ont avec cette espèce fossile.

XVIII. Térébratule cruménoïde, *Terebratula crumenoïdes* (pl. XI, *fig.* 17).

Caract. Nous possédons deux échantillons de cette espèce qui ne diffèrent que par la grandeur, l'un (*a*) étant le jeune âge de l'autre (*b*).

Petit échantillon : Longueur, 0^m,018; largeur, 0^m,020; épaisseur, 0^m,010.

Grand échantillon : Longueur, 0^m,026; largeur, 0^m,030; épaisseur, 0^m,018.

Localité : Mende, calcaire crayeux.

XIX. Térébratule étroite, *Terebratula coarctata* (pl. XI. *fig.* 19).

Syn. *Terebratula rostrata.* Sow. (*Miner. Conchol.*, tom. VI, pag. 71, pl. 537. fig. 12).

Caract. Longueur, 0^m,014 ; largeur, 0^m,012 ; épaisseur, 0^m,008. Cette espèce ne diffère presque de la Térébratule éventail que par les proportions.

Localité : Mende (Lozère), calcaire crayeux.

Genre Productus.

Ce genre diffère spécialement des Térébratules parce que le crochet de la valve externe n'est pas perforé ; accessoirement par la forme des valves, la supérieure ou externe en général portant un sillon plus ou moins profond qui part du crochet et dépasse les deux moitiés latérales ; la valve interne ou inférieure portant la contre-empreinte en saillie de ce sillon caréné. Chez certaines espèces les traces de ce sillon sont peu marquées.

XX. Producte térébratuloïde, *Productus terebratuloïdes* (pl. XI. *fig.* 20).

Syn. *Productus punctatus* Sow. ? (*Miner. Conchol.*, tom. IV, pag. 22, pl. 323 ; *an Producta fimbriata. ibid.*, tom. V, pag. 85, pl. 459, fig. 1).

Caract. Les échantillons que nous avons sous les yeux, ont le test tellement brisé et crevassé qu'ils semblent avoir subi les effets d'un feu souterrain. La forme générale est celle d'une Térébratule, genre dont elle ne se distingue bien que par l'absence d'une perforation au crochet. Un des échantillons a été tellement aplati par le tassement de la couche géologique qu'on serait tenté d'y voir une espèce nouvelle.

Localité : Mende (Lozère), dans les terrains marneux.

XXI. Producte large, *Productus oblatus* (pl. XI, *fig.* 21).

Syn. *Productus oblatus* Sow. (*Miner. Conchol.*, tom. III, pag. 123, pl. 268).

Caract. Nous n'avons que le moule externe en calcaire compacte de cette espèce ; il est fendillé par le tassement de la couche géologique.

Localité : Mende (Lozère).

XXII. Producte glabre, *Productus glaber* (pl. XI, *fig.* 22, *a, b, c. d*).

Syn. *Spirifer glaber* Sow. (*Miner. Conchol.*, tom. III, pag. 123, pl. 269, fig. 2).

Caract. Nous n'avons encore de cette espèce que le moule en calcaire compacte ; mais cette fois c'est le moule interne. En (*a*) le fossile est représenté de manière à mettre en évidence l'empreinte en creux des crochets de la coquille ; — En (*b*) le moule interne de la valve externe est vu de face ; — En (*d*) on voit le moule interne de la valve externe. — En (*c*) le fossile est vu par la commissure des deux valves, c'est-à-dire par l'épaisseur du moule.

Localité : Mende (Lozère).

FIN DES TÉRÉBRATULES.

TABLE DES CHAPITRES

TABLE ALPHABÉTIQUE DES MATIÈRES

(N. B. — Le premier chiffre indique la page, le second la colonne.)

TABLE ALPHABÉTIQUE DES MATIÈRES.

FIN DES TABLES.

POISSY. — TYP. ET STÉR. DE CERF.

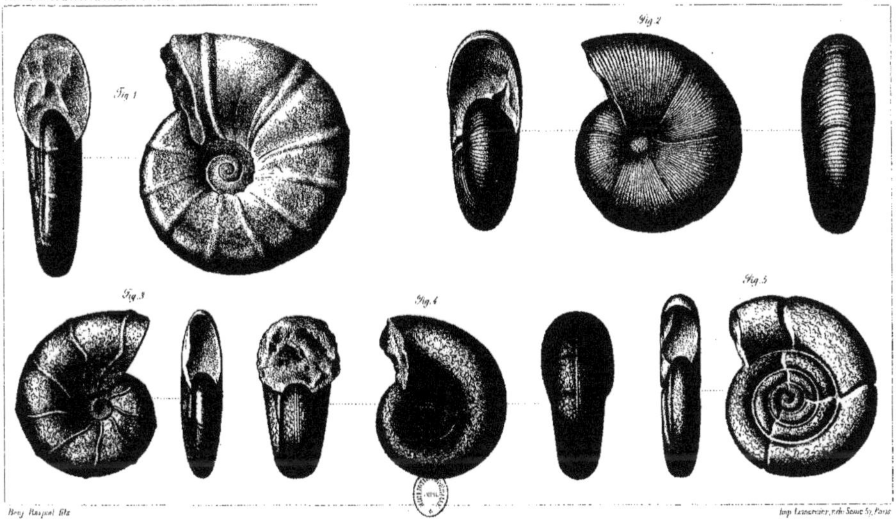

Benj. Raspail fils

Imp. Lemercier, r. de Seine 57, Paris

Ammonites des Basses-Alpes, de Vaucluse et des Cévennes.

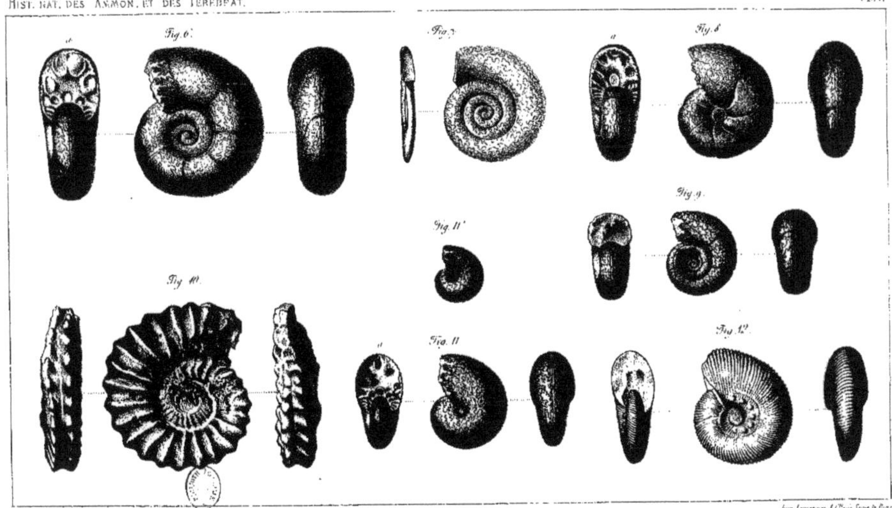

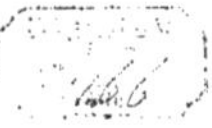

Ammonites des Basses-Alpes, de Vaucluse et des Cévennes.

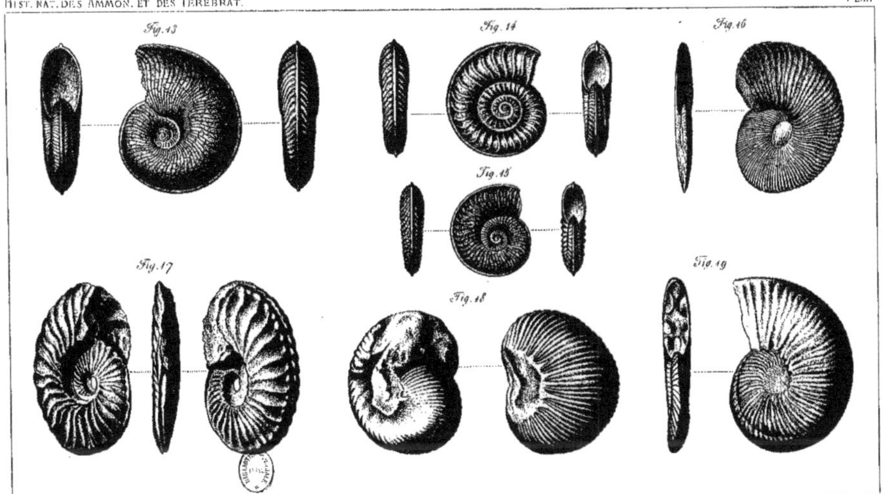

Ammonites des Basses-Alpes, de Vaucluse et des Cévennes.

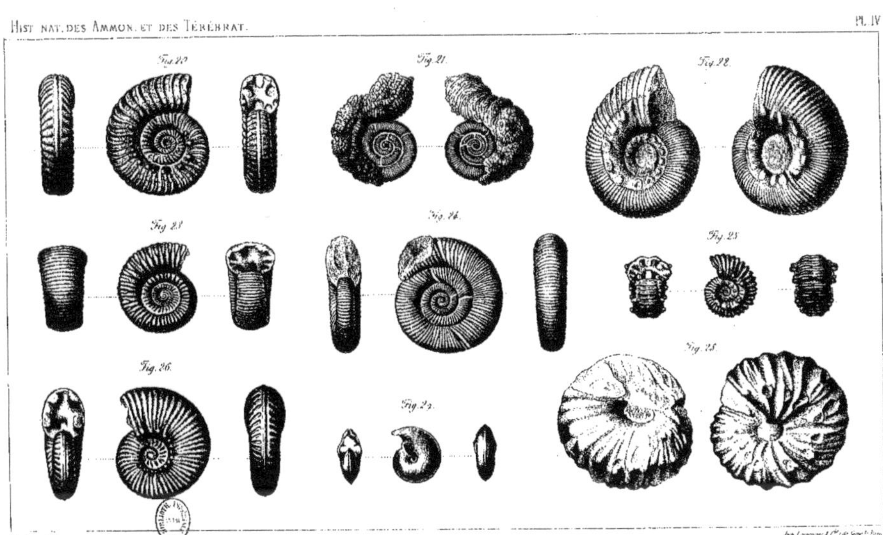

Ammonites des Basses-Alpes, de Vaucluse et des Cévennes.

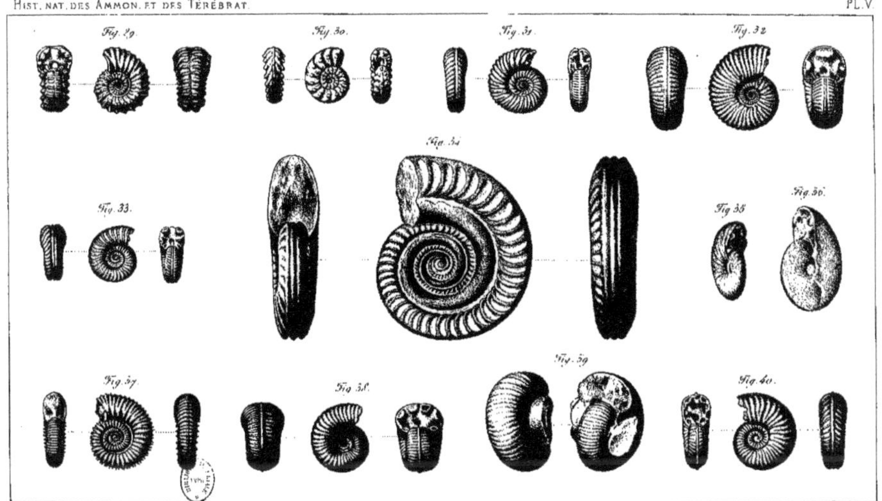

Ammonites des Basses-Alpes, de Vaucluse et des Cévennes.

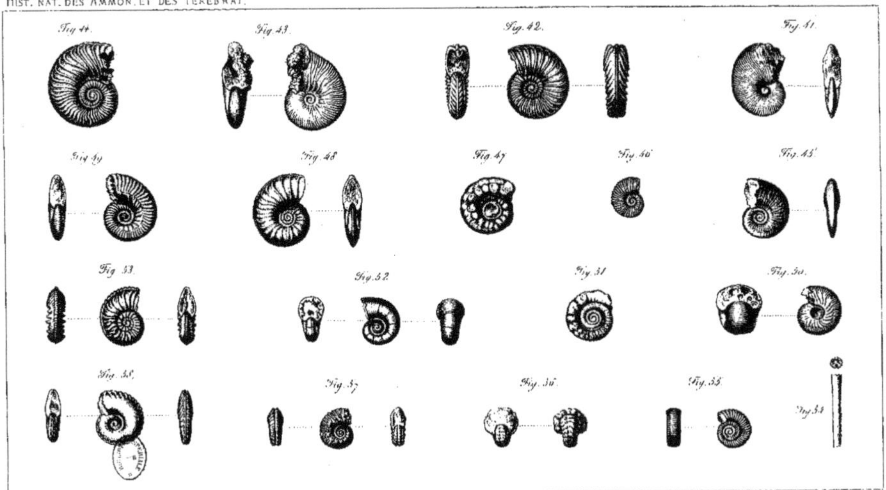

Roy Gaspard fils.   Imp. Lemercier et Cie r. de Seine 57 Paris.

Ammonites des Basses-Alpes, de Vaucluse et des Cévennes.

Pl. VII

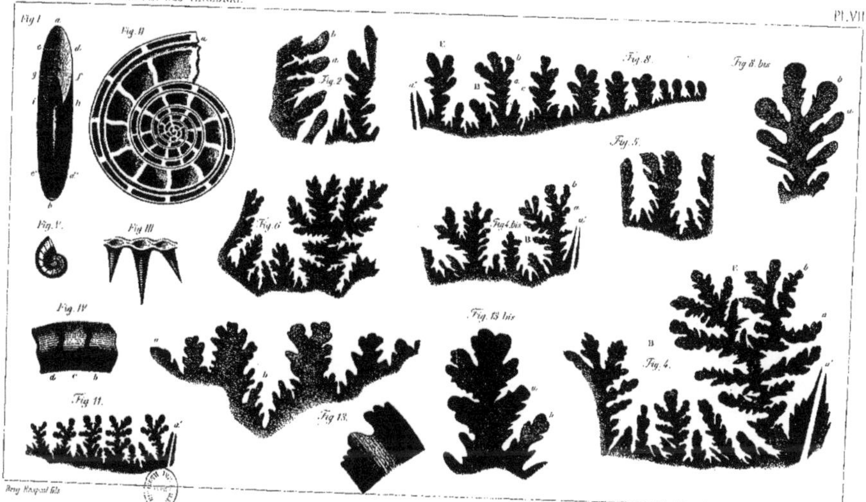

Benj. Raspail fils

Anatomie des Ammonites.

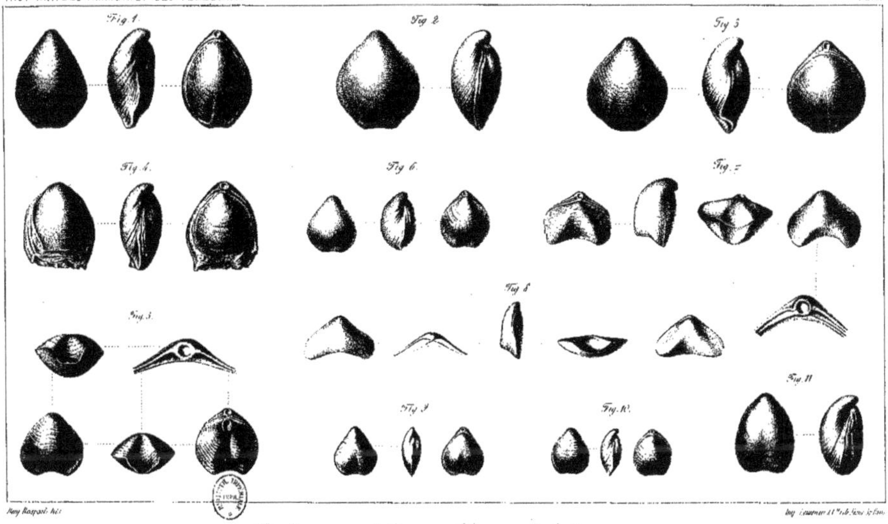
Fig. 1.
Fig. 2.
Fig. 3.
Fig. 4.
Fig. 6.
Fig. 7.
Fig. 8.
Fig. 5.
Fig. 9.
Fig. 10.
Fig. 11.

Benj. Raspail del.

Térébratules des Basses-Alpes et des Cévennes.

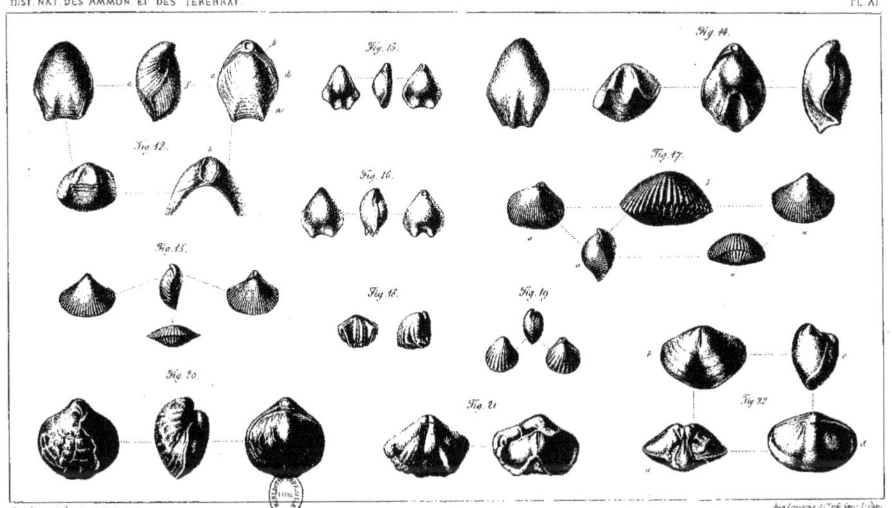

Térébratules des Basses-Alpes et des Cévennes.

www.ingramcontent.com/pod-product-compliance
Ingram Content Group UK Ltd.
Pitfield, Milton Keynes, MK11 3LW, UK
UKHW021651130726
13696UKWH00004B/1542